全国中等职业学校机械类专业通用
全国技工院校机械类专业通用（中级技能层级）

焊工工艺与技能训练（第三版）习题册

王长忠　主编

中国劳动社会保障出版社

简　介

本习题册为全国中等职业学校机械类专业通用教材、全国技工院校机械类专业通用教材（中级技能层级）《焊工工艺与技能训练（第三版）》的配套习题册。本习题册紧扣教学要求，按照“单元＋课题”的顺序编排，知识点分布均衡，题型丰富多样，难易配置适当，技能训练针对性强，有助于学生复习巩固所学知识，强化操作技能。

本习题册由王长忠任主编，康臬任副主编，李明强、夏志强、邢伟参加编写。

图书在版编目（CIP）数据

焊工工艺与技能训练（第三版）习题册 / 王长忠主编 . -- 北京：中国劳动社会保障出版社，2020

全国中等职业学校机械类专业通用　全国技工院校机械类专业通用 . 中级技能层级

ISBN 978-7-5167-4620-2

Ⅰ. ①焊…　Ⅱ . ①王…　Ⅲ. ①焊接工艺－中等专业学校－习题集　Ⅳ. ①TG44-44

中国版本图书馆 CIP 数据核字（2020）第 143544 号

中国劳动社会保障出版社出版发行

（北京市惠新东街 1 号　邮政编码：100029）

*

涿州市星河印刷有限公司印刷装订　新华书店经销

787 毫米 ×1092 毫米　16 开本　12.75 印张　302 千字

2020 年 8 月第 1 版　2024 年 11 月第 6 次印刷

定价：25.00 元

营销中心电话：400-606-6496

出版社网址：http://www.class.com.cn

http://jg.class.com.cn

目　录

绪　论

一、填空题（将正确答案填在横线上）

1. 金属结构和机器中零部件的连接方式有两种，一种是__________，________拆卸；另一种是__________，________拆卸。其中，属于前者的有______________等，属于后者的有____________等。

2. 焊接是通过________或________，或两者并用，并且用或不用__________，使焊件达到原子结合的一种加工工艺方法。

3. 按照焊接过程中金属所处的状态不同，可以把焊接方法分为________、________、________三类。

4. 熔焊是指在焊接过程中将两个焊件接头加热至________状态，不加________完成焊接的方法。

5. 压焊是指在焊接的同时对焊件施加____________________，以完成焊接的方法。

6. 钎焊是指采用比母材熔点________的钎料，将焊件和钎料加热到高于________且低于________熔点的温度，利用__________润湿母材，填充接头间隙并与母材相互扩散，实现焊件连接的方法。

7. 常见的熔焊方法有________________、__________、__________、__________等。

8. 常见的钎焊方法有__________、__________、__________等。

9. 焊接技术取代了__________，成为金属构件____________连接中的主要连接方式。

二、判断题（正确的打“√”，错误的打“×”）

1. 焊接可以将金属材料和某些非金属材料永久地连接起来。（　　）

2. 铆接和螺栓连接都是可以拆卸的连接方式。（　　）

3. 压焊在施加压力的同时可以将被焊金属接触处加热到熔化状态，也可以加热到塑性状态，或者可以不加热。（　　）

4. 钎焊所使用的钎料熔点应该比母材的熔点高，才能满足焊接的需要。（　　）

5. 氩弧焊是钎焊方法。（　　）

6. 闪光对焊、爆炸焊、焊条电弧焊属于压焊方法。（　　）

三、问答题

1．与铆接相比，焊接具有哪些优点？

2．如何区分熔焊与钎焊？它们各有什么特点？

3．简述我国焊接技术的发展趋势。

4．观察身边的日常用品，简要回答用不锈钢制成的购物筐、水杯的手柄与杯体连接处及集成电路板的电子元件分别采用了什么焊接方法。

5．根据日常所见，举例说明所见过的焊接方法及其应用。

第一单元　焊接基础知识

课题1　焊 接 电 弧

一、填空题（将正确答案填在横线上）

1. 由焊接电源供给的具有一定________的两电极间或电极与焊件间的气体介质中所产生的________而________的放电现象称为焊接电弧。

2. 焊接时使气体介质电离的方式主要有___________、_____________、____________。

3. ________________和________是电弧产生和维持的重要条件。

4. 焊接时，根据阴极吸收能量的不同，所产生的电子发射有____________________、____________、____________三种形式。

5. 焊接电弧按其构造可分为______________、______________、________________三个区域。通常测出的电弧电压就是上述三个区域的电压降之________。

6. 电弧的静特性曲线呈________形，当电流较小时，电弧静特性为________特性区；当电流为几十到几百安培时，电弧静特性为________特性区；当电流较大时，电弧静特性为________特性区。

7. 焊条电弧焊的电弧静特性曲线为________特性区；埋弧自动焊在正常电流密度下焊接时，其静特性为________特性区，若采用大电流，其静特性为________特性区；钨极氩弧焊采用小电流焊接时，其静特性为________特性区，若采用大电流，其静特性为________特性区。

8. 一般情况下，电弧电压总是与电弧长度成________变化，当电弧长度增加时，电弧电压________，其静特性曲线的位置也随之________。

9. 熔滴过渡的形式大致可分为______________、______________、____________三种。

10. 电弧焊时，作用在熔滴过渡上的作用力有__________、____________、__________、____________和____________________。

二、判断题（正确的打“√”，错误的打“×”）

1. 电弧焊时，电弧拉长，则电弧电压降低；电弧缩短，则电弧电压升高。（　　）
2. 在焊接电弧中，阳极斑点的温度总是高于阴极斑点的温度。（　　）
3. 所有焊接方法的电弧静特性曲线的形状都是一样的。（　　）
4. 气体电离的必要条件是有电场或热能的作用。（　　）
5. 在任何焊接位置上，电磁压缩力的作用方向都是使熔滴向熔池过渡。（　　）
6. 斑点压力的作用方向总是阻碍熔滴向熔池过渡。（　　）

7．电弧气体的吹力总是有利于熔滴金属的过渡。（　　）

三、选择题（将正确答案的代号填入括号内）

1．焊条电弧焊时，电弧静特性曲线在U形曲线的（　　）段。
A．下降　　B．水平　　C．上升

2．钨极氩弧焊采用小电流焊接时，电弧静特性曲线在U形曲线的（　　）段。
A．下降　　B．水平　　C．上升

3．埋弧自动焊采用大电流焊接时，电弧静特性曲线在U形曲线的（　　）段。
A．下降　　B．水平　　C．上升

4．当焊条电弧焊的电弧长度由长变短时，电弧静特性曲线（　　）。
A．上移　　B．不变　　C．下移

5．仰焊时，促使熔滴过渡的作用力有（　　）。
A．重力　　B．表面张力　　C．电磁力

6．电弧区域温度分布是不均匀的，（　　）的温度最高。
A．阴极区　　B．阳极区　　C．弧柱

7．（　　）对焊条与母材的加热和熔化起主要作用。
A．阴极区　　B．阳极区　　C．弧柱　　D．阴极区和阳极区

四、名词解释

1．气体电离

2．阴极电子发射

3．电弧静特性

五、问答题

1. 在弧长一定的条件下，焊条电弧焊、埋弧焊、钨极氩弧焊及细丝熔化极气体保护焊在电弧静特性曲线中各属于什么特征区段？

2. 影响熔滴过渡的作用力有哪些？它们在焊接过程中的作用如何？

3. 列举一些焊接方法的熔滴过渡，并说明它们分别属于哪种熔滴过渡形式。

课题 2　焊接接头的组织和性能

一、填空题（将正确答案填在横线上）

1. 焊接结构的种类有________、________、________、________和________结构等。

2. 在图 1–1 所示各焊接接头下的横线上写明接头形式。

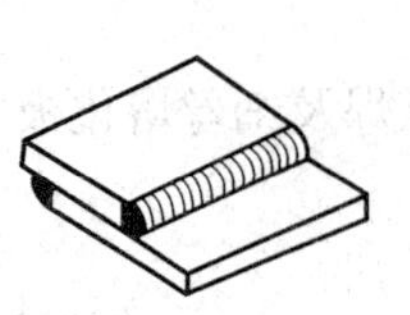 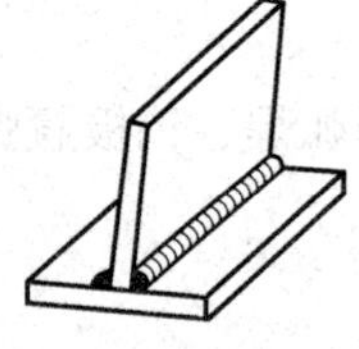 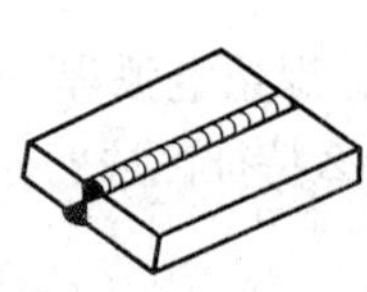 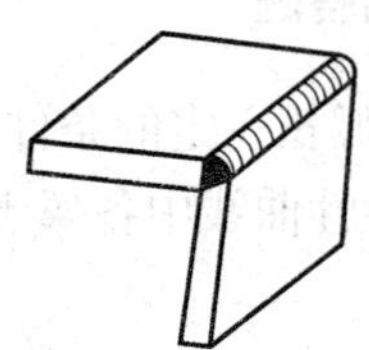

________ ________ ________ ________

图 1–1　焊接接头

3．焊接结构中还有一些特殊的接头形式，如________接头、________接头、________接头、________接头、________接头、________接头等。

4．常用的坡口形式有________坡口、________坡口、________坡口和________坡口。

5．I 形坡口的对接接头进行单面焊时，必须保证焊缝的熔透深度不小于板厚的________倍。

6．T 形接头的使用范围仅次于________接头，在船体结构中，约________% 的焊缝是 T 形接头。

7．角接接头________较差，一般用于不重要的结构中。

8．搭接接头根据其结构形式和对强度的要求不同，分为________坡口、________焊缝或________焊缝。

9．搭接接头特别适用于被焊结构________处及________的焊接结构。

10．开坡口的主要目的是保证接头________，便于清除________，获得________的焊接接头。

11．焊缝的分类方法有三种：按焊缝在空间位置分类，有________、________、________及________四种形式；按焊缝的结构形式分类，有________、________及________三种形式；按焊缝断续情况分类，有________、________及________三种形式。

12．完成图 1–2 中的标注。

图 1–2　焊缝接头的组成

13．焊缝是焊件经焊接后所形成的________部分。焊缝金属与母材的分界线称为________线。

14．焊接热影响区是母材因受热的影响发生________和________变化的区域。

15．熔合区是________与________交接的过渡区。

16．焊缝金属从高温的液态冷却至常温的固态，中间经历了两次结晶的过程，它们分别是________________________________和________________________________。

17．焊缝金属的一次结晶包括________和________两个阶段。

18．焊缝中常见的偏析有________偏析和________偏析等。

19．低碳钢的焊缝在常温下的组织是________________加________________。

20．低碳钢和不易淬火钢的焊接热影响区可分为____________、__________________、__________和________________________四个区域。

21．若母材焊接前经过________出现塑性变形或由于____________而造成的变形，在 Ac_1 以下焊接热影响区将发生再结晶过程。

22．在低碳钢的热影响区中，正火区的温度范围为________________，其金属组织为________________和________，其力学性能________母材。

23．在低碳钢的热影响区中，不完全重结晶区处于__________的温度范围内，只有部分组织发生重结晶过程，故其组织是不________的，强度稍有________。

24．根据热影响区宽度的大小间接判断焊接质量，一般来说，热影响区越________，焊接接头中内应力越________，越容易出现__________；热影响区越________，对焊接接头力学性能越不利，________也越大。

25．熔合区的________和________很差，是焊接接头中性能最差的区域。

26．在焊接过程中，熔池周围充满着各种气体，主要有_______、_______、_________、________、_________、________等，这些气体中以________、__________、________对焊缝的质量影响最大。

27．焊接时，氧主要来自电弧中的__________、__________、____________等，以及药皮中的________和焊件表面的________、________等。

28．焊接区的氢主要来源于________________________、________________________、____以及____________________等。

29．焊接区中的氮主要来自______________________。为了消除氮的有害作用，应隔离__________与____________的接触。此外，采用________也能控制焊缝中的含氮量。

30．减少焊缝含氧量最有效的措施是________________、________________。

31．在E4303型焊条药皮中用________脱氧。

32．________、________是E5015型焊条中较好的脱氧剂。

33．氢是焊缝中一种有害的气体，它的主要危害性有______________、______________、____________。

34．硫以________和________夹杂物形式存在于焊缝金属中，会导致热裂纹的产生。

35．焊条电弧焊时，向焊缝中渗合金有两种方式：一是________________渗合金；二是____________________渗合金。

36．焊接热循环的主要参数是_______________________、_______________________、____________________________________和________________。

37．焊接电流或电弧电压越大，则热输入越______________；焊接速度越快，则热输入越________。

38．层间温度是指多层多道焊时，在施焊后续焊道之前，其______________应保持的温度。

39．当焊接方法不同时，____________、____________和焊后冷却速度都会有所不同。

40．焊条电弧焊的热输入较________，接头高温停留时间较________，焊缝和热影响区的组织较________，热影响区较________。因此，焊缝和热影响区性能较________。

41．易淬火的低合金高强度结构钢和耐热钢焊后必须进行______________，以消除________组织，得到高温回火组织。

42．按其在焊接接头中的位置不同，焊接缺陷可分为________缺陷和________缺陷。

43．焊缝内部缺陷主要包括________、________、________、________和内部裂纹。

44．焊缝外部缺陷主要包括焊缝表面尺寸______________、________、__________、______________、____________、________和烧穿等缺陷。

45．焊缝表面尺寸不符合要求通常用__________观察，必要时利用______________、______________、____________等对焊缝外观尺寸和焊缝成形进行检查。

46．在沿焊趾的母材部位烧熔形成的________或________称为咬边。

47．焊瘤多发生在________位、________位、________位焊缝表面及__________层的背面焊缝表面。

48．焊瘤不仅影响焊缝的________，而且也容易导致________的产生。

49．未焊透处会造成____________，并容易产生________。

50．未熔合可能发生在焊件根部，也可能发生在表面焊缝________或________。

51．烧穿使单面焊双面成形焊接中背面焊缝____________，是一种____________存在的缺陷。

52．气孔是一种常见的焊接缺陷，有________部气孔和________部气孔。

53．冷缩孔不仅影响焊缝的________，而且降低了焊缝的__________，在一定程度上成为____________的根源。

二、判断题（正确的打“√”，错误的打“×”）

1．焊接熔池一次结晶时，晶体的生长方向总是与散热方向一致。（ ）

2．熔焊时，焊缝的组织是柱状晶。（ ）

3．气孔、夹渣、偏析等缺陷大多是在焊缝金属的二次结晶时产生的。（ ）

4．低碳钢焊缝金属冷却速度越快，则硬度越高，这是因为组织中珠光体含量增加造成的。（ ）

5．延迟裂纹是在焊接熔池一次结晶时产生的。（ ）

6．由于合金钢的合金元素较多，焊接时其焊缝中的显微偏析不严重。（ ）

7．焊缝中心形成的热裂纹往往是区域偏析的结果。（ ）

8．因为不易淬火钢热影响区中不完全重结晶区的部分组织发生变化，所以其是整个热影响区中综合性能最好的一个区域。（ ）

9．焊缝两侧距离相同的各点的焊接热循环相同。（ ）

10．焊后，未经塑性变形的母材的热影响区中会出现再结晶区。（ ）

11．低碳钢热影响区中加热温度为 Ac_3 ~ 1 100 ℃的区域叫作正火区。（ ）

12. 焊缝的偏析是指焊缝宽窄不一、高低不平。（ ）

13. 焊条电弧焊时，选用优质焊条不但能提高焊缝金属的质量，同时可以改善热影响区的组织。（ ）

14. 在室温时，低碳钢焊接接头正火区的组织为奥氏体加珠光体。（ ）

15. 消除焊件表面铁锈、油污等的目的是提高焊缝金属的强度。（ ）

16. 焊条电弧焊时，采用短弧焊可减少气孔的产生。（ ）

17. 由于 Ti、Si 对氧化物的亲和力比 Mn 大，因此在酸性焊条中常用 Ti、Si 来脱氧，而不用 Mn 来脱氧。（ ）

18. 减少焊缝含氧量最有效的措施是进行脱氧。（ ）

19. 因为碳具有较强的脱氧效果，所以原料中的碳是作为脱氧剂加入的。（ ）

20. 焊缝金属渗合金的目的之一是可以获得具有特殊性能的堆焊金属。（ ）

21. 如果焊接电流或电弧电压越大，则热输入越小；如果焊接速度越快，则热输入越大。（ ）

22. 由于预热不会使晶粒粗化加剧，却可以避免淬硬，因此它是防止裂纹产生的有效工艺措施。（ ）

23. 控制层间温度的作用与控制预热温度的作用不同。（ ）

24. 焊接工艺方法对焊缝和热影响区的性能都有影响。（ ）

25. 控制熔合比可获得所希望的焊缝金属的化学成分、组织和性能。（ ）

26. 焊接淬硬倾向较大的钢材时，为防止产生冷裂纹，应采用预热并配合小的热输入。（ ）

27. 焊缝外部缺陷检验主要是采用无损探伤和破坏性检验的方法。（ ）

28. 焊接结构的焊接接头不允许存在咬边。（ ）

29. 重要结构的焊接接头不允许有未焊透的缺陷存在。（ ）

30. 未熔合的危害仅次于裂纹缺陷。（ ）

31. 弧坑仅会使该处焊缝的强度受到削弱，但是不会产生弧坑裂纹。（ ）

32. 焊缝中绝对不允许有裂纹。（ ）

33. 裂纹有时是内部缺陷，有时是外部缺陷。（ ）

三、选择题（将正确答案的代号填入括号内）

1.（ ）是焊缝一次结晶的组织特征。

A. 晶核较大 B. 柱状晶 C. 没有晶核

2. 焊缝金属的（ ）遵循着金属结晶的一般规律，包括“生核”和“长大”两个阶段。

A. 三次结晶 B. 二次结晶 C. 一次结晶

3. 焊接熔池的金属由液态转变为固态的过程称为焊接熔池的（ ）。

A. 一次结晶 B. 二次结晶 C. 三次结晶

4. 低碳钢焊缝二次结晶的组织是（ ）。

A. F+A B. F+P C. Fe_3C+P D. Fe_3C+A

5. 在下面几种焊接方法中，焊接热影响区宽度最大的是（ ）。

A. 焊条电弧焊 B. 埋弧自动焊 C. 气焊

6. 在焊接热源作用下，焊件上某点的温度随时间变化的过程称为（　　）。

A. 焊接热循环　　B. 偏析　　C. 焊接化学冶金

7. 焊缝金属化学成分的不均匀现象叫作（　　）。

A. 夹渣　　B. 偏析　　C. 过烧

8. 在一个柱状晶粒内部和晶粒之间的化学成分不均匀的现象称为（　　）。

A. 显微偏析　　B. 区域偏析　　C. 层状偏析

9.（　　）决定金属结晶区间的大小。

A. 冷却速度　　B. 加热时间　　C. 化学成分　　D. 冷却方式

10. 二次结晶的组织和性能与（　　）有关。

A. 冷却速度　　B. 冷却方式　　C. 冷却介质

11. 不易淬火钢的（　　）区为热影响区中的薄弱区域。

A. 正火　　B. 过热　　C. 不完全重结晶　　D. 再结晶

12. 焊缝中的硫通常以（　　）形式存在于钢中。

A. 原子　　B. FeS　　C. MnS

13. 熔池的（　　）最先出现晶核。

A. 焊根　　B. 焊趾上　　C. 热影响区　　D. 熔合线上

14. 酸性焊条主要采用的脱氧剂是（　　）。

A. 锰铁　　B. 钛铁　　C. 铝

15. 控制焊缝含氢量的目的是防止产生（　　）和气孔缺陷。

A. 冷裂纹　　B. 热裂纹　　C. 气孔　　D. 再热裂纹

16. 焊接区内气体的分解对焊缝质量起着（　　）影响。

A. 有利的　　B. 不利的　　C. 积极的

17. 减少焊缝中硫、磷含量的主要措施是（　　）。

A. 烘干焊条　　B. 除去焊件表面的污物

C. 限制原材料中的硫、磷含量

18. 若（　　），则获得较大的热输入。

A. 焊接电流或电弧电压大，焊接速度慢

B. 焊接电流或电弧电压小，焊接速度快

C. 焊接电流或电弧电压大，焊接速度快

19.（　　）加热速度快，冷却速度也快，高温停留时间较短。

A. 气焊　　B. 钨极氩弧焊　　C. 埋弧自动焊

20. 坡口角度________，熔合比________。（　　）

A. 越大；越小　　B. 越小；越小　　C. 越大；越大

21. 焊缝外部缺陷通常采用（　　）进行检验。

A. 无损探伤　　B. 破坏性检验　　C. 肉眼或低倍放大镜

22. 重要结构的焊接接头规定咬边深度要在一定数值之下，否则就应（　　）。

A. 报废　　B. 重新焊接　　C. 焊补后修磨

23. 单面焊双面成形时，未焊透一般产生在焊件________；双面焊时，未焊透主要产生在焊件________。（　　）

A．根部；中部　　B．中部；根部　　C．上表面；下表面

24．未熔合在焊接接头中（　　）存在。

A．允许　　B．不允许　　C．可以通过修磨

25．（　　）是焊缝中最危险的缺陷。

A．未熔合　　B．裂纹　　C．未焊透

四、名词解释

1．焊接结构

2．焊接接头

3．偏析

4．焊接热循环

5．焊接热影响区

6．一次结晶

7. 二次结晶

8. 白点

9. 焊缝金属的渗合金

10. 焊接参数

11. 热输入

12. 焊接裂纹

五、问答题

1. 各种焊接接头在选择坡口形式时应考虑哪几条原则?

2．焊接接头包括哪些部位？

3．针对对接接头确定坡口的形式要考虑哪些因素？

4．角接接头和对接接头在焊接结构中的承载能力有什么区别？

5．焊缝偏析有哪几种形式？偏析有什么危害？

6．焊接热循环的主要参数有哪些？影响焊接热循环的因素主要有哪些？

7．低碳钢和不易淬火钢热影响区的组织和性能如何？

8．再结晶区在什么条件下才能存在？

9．简述焊接区氧、氢、氮的来源及其对焊缝金属的影响。

10. 硫在焊缝金属中有什么危害？脱硫的途径有哪些？

11. 磷在焊缝金属中有什么危害？脱磷的途径有哪些？

12. 为什么要向焊缝金属渗合金？渗合金的方式有哪几种？

13. 控制和改善焊接接头性能的方法有哪些？

14. 焊缝检验尺通常可以用来测量哪些尺寸？

15．检测焊缝表面尺寸主要包括哪些项目？

16．气孔的存在对焊缝质量会产生哪些影响？

17．焊缝中夹渣的存在会对焊接结构产生哪些影响？

课题3 焊缝符号

一、填空题（将正确答案填在横线上）

1．在图样上标注____________、____________及____________的符号称为焊缝符号。

2．焊缝符号由____________、____________、____________、___________________及数据等组成。

3．指引线由__________和________________组成。两条基准线中一条为__________线，另一条为________线。

4. 焊缝横向尺寸标注中，H 代表________，K 代表________，S 代表________，R 代表________，p 代表________，h 代表________，c 代表________，d 代表________。

5. 焊缝横向尺寸标注中，α 代表________，β 代表________，b 代表________。

6. 带钝边 V 形焊缝的符号为________，角焊缝的符号为________，表示焊缝表面凹陷的符号为________，表示焊缝底部衬垫永久保留的符号为________，表示焊缝底部衬垫在焊接完成后拆除的符号为________，表示沿着工件周边施焊的焊缝符号为________，表示在现场焊接的焊缝符号为________。

7. 基本符号在细实线一侧时，表示焊缝在________侧；在细虚线一侧时，表示焊缝在________侧。

8. 基准线一般应与图样的底边________，必要时也可与底边________。

9. 标注对称焊缝和双面焊缝时，可________细虚线。

10. 必要时，可以在焊缝符号的________部标注焊接方法代号。

11. 压力容器如图 1–3 所示，其中 1 为________接头形式，2 为________接头形式，3 为________接头形式，4 为________接头形式。在图上分别以相应的焊缝符号进行标注。

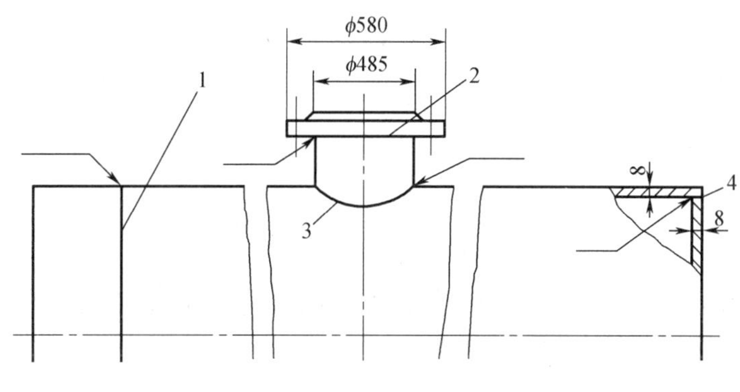

图 1–3　压力容器

二、判断题（正确的打“√”，错误的打“×”）

1. 补充符号用于表示焊缝横截面的基本形状或特征。（　　）
2. 焊缝的纵向尺寸标注在基本符号的右侧。（　　）
3. 焊缝的横向尺寸标注在基本符号的左侧。（　　）
4. 箭头线为粗实线。（　　）
5. 基准线一般应与图样的底边平行，细实线和细虚线的位置不能互换。（　　）

三、选择题（将正确答案的代号填入括号内）

1.（　　）是表示焊缝表面形状的符号。

A. 基本符号　　B. 辅助符号　　C. 补充符号

2．在焊缝基本符号右侧应标注（　　）。

A．坡口角度　　　B．根部间隙　　　C．焊缝长度

3．在焊缝基本符号的上侧或下侧应标注（　　）。

A．坡口深度　　　B．根部间隙　　　C．焊缝长度

4．在焊缝基本符号左侧应标注（　　）。

A．根部间隙　　　B．钝边高度　　　C．焊缝长度

四、名词解释

1．基本符号

2．补充符号

五、问答题

焊缝符号的尾部需要标注的内容有焊接方法代号、相同焊缝数量、焊接材料、焊接位置。举例说明它们应按照什么顺序排列。

六、画图题

1. 说明图 1–4 所标注的各焊缝符号的含义。

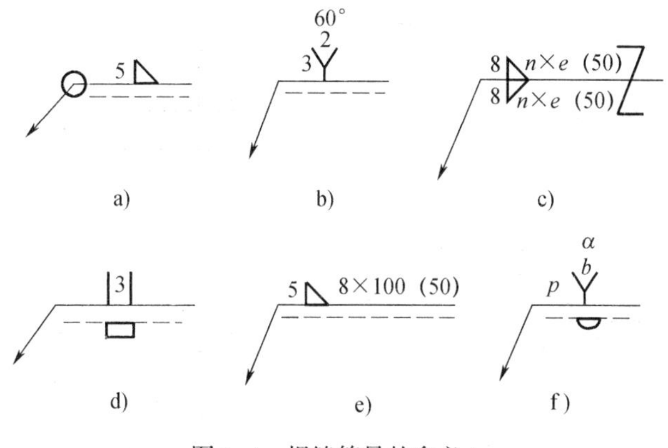

图 1–4　焊缝符号的含义 1

图 a：

图 b：

图 c：

图 d：

图 e：

图 f：

2. 说明图 1–5 所标注的各焊缝符号的含义。

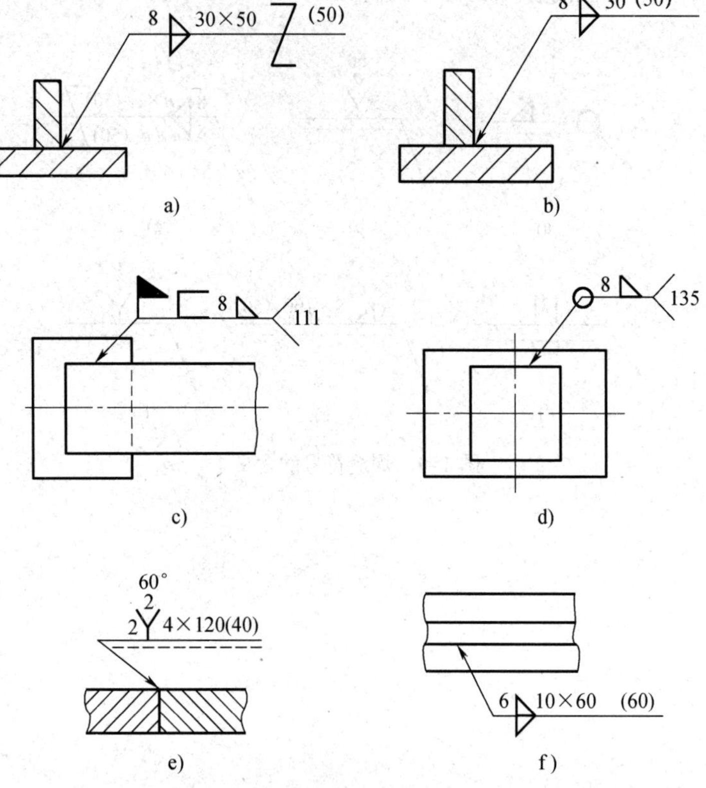

图 1–5　焊缝符号的含义 2

图 a：

图 b：

图 c：

图 d：

图 e：

图 f：

课题4 焊 接 检 验

一、填空题（将正确答案填在横线上）

1. 焊接检验一般包括__________、________________和_______________三个阶段。

2. 成品的焊接质量检验可分为__________________、__________________两大类。

3. 非破坏性检验包括____________________、____________________和_______________。

4. 外观检验主要是为了发现焊接接头的________缺陷。

5. 常用的致密性检验方法有____________、____________、____________、____________和____________。

6. 煤油试验常用于检验________________的对接焊缝。

7. 水压试验可用于检验焊接容器____________和____________。试验压力一般为容器工作压力的________倍。试验用的水温应________于周围空气的温度。

8. 荧光检验的对象主要是________材料，用于发现焊件________缺陷。

9. 磁粉检验主要用来探测焊缝__________________________。它是利用________________________________的现象进行检验的。其方法有__________和________两种。

10. 超声波检验用来探测大厚度焊件__________的缺陷。它利用超声波在金属内部直线传播过程中遇到两种介质的界面时会发生________和________的原理来检验焊缝中的缺陷。

11. 射线探伤是检验焊缝内部________准确而可靠的方法之一，它可以显示缺陷在焊缝________的________、________和________。

12. 破坏性检验包括________________、__________、__________________等。

13. 力学性能试验包括______________、______________、____________、______________、______________和______________。

14. 拉伸试验是为了测定焊接接头或熔敷金属的____________、____________、____________和______________等力学性能指标。拉伸试样一般有____________、__________和__________三种。

15. 弯曲试验是为了测定焊接接头弯曲时____________的一种方法。弯曲试验可分为__________、__________和__________三种。

16. 焊缝和焊接接头的腐蚀破坏形式有__________、__________、__________、__________、____________、____________、____________和____________等。腐蚀试验常用的方法有____________________、____________________、________________、________________和________________。

17．金相检验包括________________和________________两类。

18．背弯试验易于发现________________缺陷。

19．侧弯试验能检验________________。

20．硬度试验是为了测定焊接接头各部分的________________，以便了解________________和________________。

21．冲击试验用来测定________________或焊件________________在受________________时________________以及________转变的温度。

22．疲劳试验的目的是测定焊接接头在交变载荷作用下的________。

23．金相检验用来检查________________、________及________的金相组织；检查焊缝金属________偏析、________偏析和________偏析；检查________________区域的组织结构；检查异类接头________两侧________和________的变化；检查________焊缝中铁素体的含量。

24．宏观分析是用________或________________直接进行观察。

25．宏观金相检验包括________分析和________分析。

26．化学分析的试样应从________或________上取得。

27．气密性试验是将________压入焊接容器内，利用容器内外气体存在的________检验泄漏的试验方法。

28．进行气密性试验时，往往在焊缝外表面涂________。

29．进行水压试验时，当压力逐渐上升到工作压力时，应短暂________升压；如果检查无漏水或异常现象，再升高到________。

二、判断题（正确的打“√”，错误的打“×”）

1．焊接质量的检验就是对成品焊接缺陷的检验。（　）

2．气压试验和水压试验一样可用来检验焊缝的致密性和受压元件的强度。（　）

3．磁粉检验、着色检验、荧光检验都能检查铝焊件的焊接表面缺陷。（　）

4．着色检验属于非破坏性检验，而氨气试验、气压试验属于破坏性检验。（　）

5．碳钢与低合金钢进行水压试验所用水的温度一般不得低于5 ℃。（　）

6．弯曲试验的目的是测定焊接接头的强度。（　）

7．由于超声波检验对人体有害，因此超声波检验的推广应用受到了限制。（　）

8．用磁粉检验内部和外部都无缺陷的焊件时，磁感线在其焊缝的分布是不均匀的。（　）

9．射线探伤评定焊缝质量应按国家标准分级，其中Ⅰ级焊接接头焊接缺陷最少，质量最好。（　）

10．X射线探伤胶片上出现圆形或椭圆形黑点，黑点在中心处较大并均匀地向边缘减少，且分布不一致，有密集的，也有单个的，这种焊接缺陷是夹渣。（　）

11．在射线探伤的胶片上，一条淡色影像就是焊缝，在焊缝部位中显示的深色条纹或斑点就是焊接缺陷。（　）

12．在射线探伤的胶片上，裂纹一般呈带曲折的黑色细条纹，两端较尖细，中部稍宽。（　）

13．微观金相检验是用肉眼或低倍放大镜直接进行观察的。（ ）

14．外观检验的主要目的是检查焊接接头的内部缺陷。（ ）

15．煤油试验应在涂煤油 5 min 后观察有无油斑出现。（ ）

16．气密性试验俗称肥皂水试验。（ ）

17．水压试验的压力应等于产品的工作压力值。（ ）

18．水压试验中若发现渗漏现象，应立即对渗漏处进行补焊。（ ）

19．压力容器严禁采用气压试验检验焊接质量。（ ）

20．气压试验应将压力缓慢而均匀地升到试验压力，然后检查焊缝表面有无渗漏现象。（ ）

21．磁粉检验只适用于焊缝表面缺陷的检验。（ ）

22．超声波显示缺陷的灵敏度比射线探伤高得多，故经超声波检验的焊缝不必再进行 X 射线探伤。（ ）

23．弯曲试验属于非破坏性检验方法。（ ）

24．板状拉伸试样不便于测定焊接接头的屈服强度。（ ）

25．冲击试验可以测定焊接接头或焊缝金属的断面收缩率。（ ）

26．煤油试验的场地应设有防护设施。（ ）

27．用氨气代替压缩空气进行气密性试验，可以提高试验的灵敏度。（ ）

三、选择题（将正确答案的代号填入括号内）

1．（ ）的目的是预先防止和减少焊接时产生缺陷的可能性。

A．焊前检验　B．成品的焊接质量检验

C．焊接过程中检验

2．对小型受压容器或管子常采用（ ）来检验其焊缝致密性。

A．氨气试验　B．水压试验　C．煤油试验

3．非受压容器的致密性检验常采用（ ）。

A．煤油试验　B．气密性试验　C．水压试验

4．锅炉和压力容器焊后要对焊接接头的致密性和强度进行检查，常采用（ ）。

A．无损探伤　B．气密性试验　C．水压试验

5．水压试验可以用来检验焊缝的（ ）。

A．内部气孔　B．焊透程度

C．强度　D．致密性

6．压力容器致密性检验常用的方法是（ ）。

A．X 射线探伤　B．煤油试验

C．水压试验　D．力学性能试验

7．检查不锈钢及铝、铜材料的表面缺陷时常采用的方法是（ ）。

A．磁粉检验　B．荧光检验

C．着色检验　D．X 射线探伤

8．无损探伤检验是用来检查焊缝（ ）的一种检验方法。

A．力学性能　B．金相组织　C．焊接缺陷

9. 目前，X 射线探伤比超声波检验应用广泛的原因是（　　）。

A. 设备比较简单　　B. 对缺陷有直观性

C. 能检验厚件　　D. 对人体无影响

10. 对壁厚为 50 mm 的压力容器焊缝，常用的检验方法是（　　）。

A. X 射线探伤　　B. 煤油试验　　C. 力学性能试验

11. 焊接接头的金相检验用于检验焊接接头的（　　）。

A. 硬度　　B. 致密性　　C. 组织及内部缺陷

12. 渗透检验包括（　　）和（　　）两种方法。

A. 磁粉检验　　B. 荧光检验　　C. 着色检验　　D. X 射线探伤

13. 下列焊接检验方法中属于破坏性检验的方法有（　　）。

A. 金相检验　　B. 水压试验　　C. 外观检验　　D. 冲击试验

E. 晶间腐蚀试验

14. 拉伸试验不仅可以测定（　　），而且还可以测定（　　）。

A. 强度　　B. 塑性　　C. 硬度

D. 韧性　　E. 密度

15. 检查焊接接头表面缺陷应采用的方法是（　　）。

A. 射线探伤　　B. 超声波检验　　C. 磁粉检验

16. 能够正确发现缺陷大小和形状的检验方法是（　　）。

A. X 射线探伤　　B. 超声波检验　　C. 着色检验

17. 力学性能试验主要包括（　　）等。

A. 拉伸试验　　B. 金相检验　　C. 致密性检验　　D. 冷弯试验

E. 冲击试验　　F. 焊接性试验

18.（　　）是专门用于对非磁性材料焊缝表面和近表面缺陷进行检验的方法。

A. 煤油试验　　B. 荧光检验　　C. 磁粉检验　　D. 气密性试验

19. 气压试验常用于对（　　）进行检验。

A. 高压容器　　B. 中压容器　　C. 低压容器

20. 煤油试验时，应在焊缝的一面涂上________，待其干燥后，再在焊缝的另一面涂上________。（　　）

A. 肥皂水；煤油　　B. 煤油；石灰水

C. 石灰水；煤油　　D. 氨气；石灰水

四、名词解释

1. 非破坏性检验

2. 致密性检验

3. 无损探伤检验

4. 破坏性检验

五、问答题

1. 焊接检验的三个阶段各有哪些主要检验项目？

2. 两大类焊接检验各有哪些主要检验方法？

3．进行煤油试验、水压试验、气压试验时应注意哪些事项？

4．荧光检验和着色检验在用途与原理方面有哪些异同？

5．磁粉检验的原理和用途是什么？

6．超声波检验的原理和用途是什么？焊接检验时应采用什么探头？

7．射线探伤的原理是什么？按国家标准规定，射线探伤将焊接接头质量分为哪几级？各级中不应有什么缺陷？

8．力学性能试验中主要试验方法的种类和目的是什么？

9．化学分析和腐蚀试验的目的是什么？

10．金相检验的两种检验方法在操作方法和检验目的方面有什么不同？

第二单元　气焊与气割

课题 1　气焊设备、工具及材料

一、填空题（将正确答案填在横线上）

1. 气焊（割）是指利用________气体与__________气体混合燃烧所放出的热量作为热源，焊接（或切割）工件的一种工艺方法。

2. 气焊设备及工具主要包括______________、______________、______________、______________等；辅助工具包括____________、______________、______________、____________及____________等。

3. 氧气瓶外表漆成____________色，并标注______________色“氧”字样；乙炔瓶外表漆成___________色，并标注____________色“乙炔　不可近火”字样。

4. 氧气瓶在使用时，如果用手轮按____________时针方向旋转，则开启瓶阀；手轮按________时针旋转则关闭瓶阀。

5. 乙炔瓶在使用时必须________放置，否则容易引起燃烧或爆炸。

6. 乙炔瓶的表面温度应不超过__________________℃，温度过高会降低乙炔在丙酮中的________，使瓶内的乙炔________急剧增高。

7. 工作时，使用乙炔的压力不能超过______MPa，输出流量不能超过______m^3/h。

8. 减压器具有________和________两个作用。

9. 减压器按构造不同，可分为________式和____________式；按工作原理不同，可分为________式、________式及____________式。

10. 氧气、乙炔所用的减压器，在作用原理、________和__________上基本相同。不同之处是乙炔减压器与乙炔瓶的连接采用________________，并用____________加以固定。

11. 安装减压器前，要略微打开氧气瓶________________________，吹除污物，以防将________________带入减压器。

12. 检查减压器接头螺纹是否损坏，应保证减压器接头螺纹与氧气瓶阀连接达到________圈以上。

13. 安装减压器前，检查________表和________表的表针是否处于零位。

14. 在开启瓶阀时，瓶阀出气口不得______________或者________，以防高压气体突然冲出伤人。

15. 减压器如果有冻结现象，应用________或________解冻，绝不能用________烘烤。

16. 可燃气体压力低于____________________MPa的焊炬称为低压式焊炬。可燃气体靠____________的射吸作用与氧混合，故又称射吸式焊炬。低压式焊炬又分为__________式和

________式。

17．低压式焊炬使用时，氧气从喷嘴口快速射出，聚集在喷嘴外围的乙炔会受到氧射流________的作用而被氧气________后与氧气混合，最后由射吸管、焊嘴喷出，经过点燃产生火焰。

18．GB/T 2550—2016 规定，气焊中氧气胶管为________色，内径为________mm；乙炔胶管为________色，内径为________mm。

19．气焊与气割所用材料主要包括____________、____________、________________和____________等。

20．氧气本身不能燃烧，但却具有强烈的________作用。

21．工业用氧气一般分为________________级。对于焊接质量要求较高的气焊应采用________级纯度的氧气。气割时，氧气纯度应不低于________%。

22．乙炔是一种具有爆炸性的危险气体，当压力为________________MPa、气体温度为________℃时，乙炔就会自行爆炸。

23．乙炔与铜或银长期接触后生成的________和________是具有爆炸性的化合物。

24．严禁用________或含____________量超过 70% 的________制造与乙炔接触的器具和设备。

25．因为乙炔和氯、次氯酸盐等反应会发生燃烧和爆炸，所以乙炔燃烧时绝对禁止用________灭火。

26．液化石油气的主要成分是________，其火焰温度比氧乙炔焰温度低，所以气割时预热时间相对要________一些。

27．气焊丝的熔点应________或________被焊金属的熔点。

28．在使用时，气焊熔剂可直接撒在________上或蘸在________上加入熔池。

29．根据氧气与乙炔混合比的大小可得到________、________和__________三种不同的火焰。

二、判断题（正确的打“√”，错误的打“×”）

1．氧气瓶和乙炔瓶使用时应直立放置，只有在特殊情况下才允许卧放。（　　）

2．为了储存乙炔，乙炔瓶内装有浸满丙酮的多孔填料。（　　）

3．低压式焊炬由于具有射吸作用，可以有效地防止回火现象的出现。（　　）

4．中性焰适用于焊接一般的低碳钢及要求焊接过程中对熔化金属渗碳的金属材料。（　　）

5．氧化焰中有过量的氧气，形成氧化性的富氧区，不适用于金属材料的焊接。（　　）

6．气焊低碳钢不需要气焊熔剂，而焊接不锈钢、铝及铝合金、铸铁等必须用气焊熔剂。（　　）

7．液化石油气在氧气中的燃烧速度约是乙炔的一半，完全燃烧所消耗的氧气量比使用乙炔时大。（　　）

三、选择题（将正确答案的代号填入括号内）

1．氧气瓶容积为 40 L，在 15 MPa 压力下可储存（　　）m^3 的氧气。

A．4　　B．6　　C．8

2．凡是与乙炔接触的器具、设备禁止采用（　　）制造。

A．纯铜　　B．铸铁　　C．钢件

3．调节减压器工作压力时，要（　　）旋进调压螺栓，以免高压氧冲坏弹簧、薄膜装置和低压表。

A．缓慢　　B．快速　　C．匀速

4．碳化焰是氧气与乙炔的混合比（　　）时燃烧所形成的火焰。

A．小于 1.1　　B．大于 1.2　　C．为 1.1 ~ 1.2

5．气焊高碳钢时宜选用（　　）。

A．中性焰　　B．氧化焰　　C．碳化焰

6．气焊 20 钢时宜选用（　　）。

A．中性焰　　B．氧化焰　　C．碳化焰

7．气焊黄铜时宜选用（　　）。

A．中性焰　　B．氧化焰　　C．碳化焰

8．中性焰内焰的主要气体成分是（　　）。

A．CO　　B．CO_2、H_2　　C．CO、H_2

9．气焊（　　）必须用气焊熔剂。

A．Q235　　B．20　　C．15CrMo　　D．HT200

10．CJ301 是用于气焊（　　）的熔剂。

A．黄铜　　B．铝合金　　C．铸铁

四、名词解释

1．焊炬

2．碳化焰

3．中性焰

4. 氧化焰

五、问答题

1. 简述氧气瓶、乙炔瓶、减压器及焊炬的使用方法。

2. 乙炔的主要性质是什么？

3. 乙炔在什么情况下会发生自燃爆炸？

4. 乙炔和什么气体混合会发生爆炸？发生爆炸的条件是什么？

5. 为什么与乙炔接触的设备或零件不能用纯铜或含铜量大于 70% 的铜合金制造？

6. 在气割中，用液化石油气替代乙炔有哪些优势？

7．简述低压式焊炬的工作原理。

8．简述射吸式焊炬的工作原理。

9．采用什么方法检查射吸式焊炬的安全可靠性?

10．简述射吸式焊炬的型号及适用范围。

11. 简述中性焰、碳化焰、氧化焰的性质和应用范围。

12. 气焊熔剂有哪些作用？

课题2 气焊的基本操作

一、填空题（将正确答案填在横线上）

1. 气焊工艺参数包括＿＿＿＿＿＿＿＿＿＿＿＿、＿＿＿＿＿＿＿＿＿＿＿＿、＿＿＿＿＿＿＿＿、＿＿＿＿＿＿和＿＿＿＿＿＿等。

2. 火焰能率是指单位时间内＿＿＿＿＿＿＿＿＿＿＿的消耗量，单位为＿＿＿＿。

3. 火焰能率的大小是由＿＿＿＿型号和＿＿＿＿代号决定的。

4. 在气焊中，焊丝和焊件表面的倾斜角一般为＿＿＿＿＿＿，焊丝与焊炬中心线的角度为＿＿＿＿。

5. 右向焊法是焊炬指向焊缝，焊接过程自＿＿＿＿＿向＿＿＿＿＿，焊炬在焊丝前面移动。它适合焊接厚度较＿＿＿＿的焊件。

6. 左向焊法是焊炬指向焊件未焊部分，焊接过程自＿＿＿＿＿向＿＿＿＿，焊炬跟着焊丝移动。它适合焊接厚度较＿＿＿＿的焊件。

7. 左向焊法焊接＿＿＿＿＿＿时＿＿＿＿＿＿很高。同时，这种方法＿＿＿＿＿＿方便，＿＿＿＿掌握，是普遍应用的方法。

8．气焊厚度大、熔点高的焊件时，焊接速度要________些，以免产生________的缺陷。气焊厚度小、熔点低的焊件时，焊接速度要__________些，以免产生__________和焊件________现象，导致焊接质量降低。

9．焊炬和焊丝的摆动方法与幅度视焊件材料的________、焊缝的____________、接头________及板厚而定。

10．气焊薄板时，应采用________向焊法，焊接速度是随焊件________情况而变化的，应采用________焰。

11．气焊定位焊时，定位焊点不宜过________，更不宜过________或过________，以保证焊件熔透为宜。

12．气焊时，焊丝位于焰心前下方________mm 处。如果焊丝被熔池边缘粘住时，不要________拔焊丝，应用____________焊丝与焊件接触处，焊丝可自然脱离。

13．在气焊过程中，焊炬和焊丝要做上下跳动，其目的是调节____________，使焊件熔化良好，并控制____________的流动，使焊缝成形美观。

14．气焊薄板时，定位焊缝的长度和间距应视焊件的________与焊缝________而定。

15．薄板定位焊后，将焊件沿接缝处向下折成一定的角度，称为________法，以防止焊件焊后角变形。

16．气焊间隙大或薄焊件时，火焰的焰心要指在________上，用焊丝阻挡部分热量，以防止接头处熔化太快而________。

17．气焊结束时，将焊炬火焰缓慢________________，使熔池逐渐缩小。收尾时要___________弧坑，防止产生________、________、________等缺陷。

18．发生回火的根本原因是混合气体从焊（割）炬的喷射孔内________的速度小于混合气体________的速度。

19．点燃火焰时，先________时针方向旋转乙炔调节阀放出乙炔，再________时针微开氧气调节阀，左手持点火机置于焊嘴的________侧，进行点火。

20．点火时，有时出现连续的“放炮”声，其原因是乙炔不纯，应放出乙炔__________内不纯的乙炔，然后重新点火。

21．点火时，有时不易点燃，大多数原因是__________量过大，这时应重新微关氧气调节阀。

22．点火时，拿火源的手不要________焊嘴，也不要将焊嘴________他人，以防烧伤。

23．调节中性焰时，应逐渐__________氧气的供给量，直至火焰的内焰、外焰无明显的界限，焰心端部有________火焰闪动，即获得中性焰。

24．对于管壁较厚和开有坡口的管子，应采用______________________焊，而不应处于______________位置焊接。

25．焊接管子______________将管壁烧穿，否则会______________管内液体或气体的流动阻力。

26．气焊垂直固定管要控制焊缝熔池__________，同时焊工也要随时________位置。

二、判断题（正确的打“√”，错误的打“×”）

1．左向焊法的焊炬指向焊件未焊部分，对金属有预热作用，因此适宜焊接薄板。（　　）

2. 右向焊法适合焊接厚度较小、熔点较低及导热性较好的焊件。（　　）

3. 选用焊丝直径与操作方法有关，一般右向焊法比左向焊法选用的焊丝要粗些。（　　）

4. 左向焊法比右向焊法易使焊缝氧化，冷却较快，热量利用率低。（　　）

5. 气焊时，焊炬的倾斜角一旦确定，则该角度在焊接过程中始终是不需要改变的。（　　）

6. 回火发生器只能防止倒流的火焰烧入乙炔瓶，若回火处理不及时仍会烧毁焊（割）炬及胶管。（　　）

7. 发生回火时，马上关闭氧气调节阀就可以将回火火焰熄灭。（　　）

8. 火焰能率较大时，火焰长度变短，气体发出的声音变大。（　　）

9. 火焰能率较小时，火焰短粗，气体发出的声音变大。（　　）

10. 气焊水平转动管时，定位焊点的数量应按接头的形状和管子的直径大小来确定。（　　）

11. 在垂直固定管气焊过程中，应灵活改变焊炬、焊丝与管子的夹角，才能保证不同位置的熔池形状。（　　）

三、选择题（将正确答案的代号填入括号内）

1. 气焊纯铜等导热性强的焊件时，应选用________的火焰能率；非平焊位置气焊时，应选用________的火焰能率。（　　）

A. 较大；较小　　B. 较小；较大　　C. 较大；较大

2. 如图 2–1 所示的操作方法为（　　）焊法。

A. 右向　　B. 左向　　C. 移动

3. 在其他条件相同的情况下，气焊平焊缝时选用的火焰能率要比气焊立焊缝时选用的火焰能率（　　）。

A. 大　　B. 小

C. 没有变化

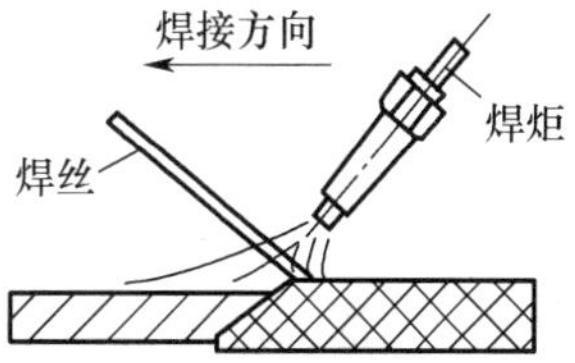

焊接方向
焊炬
焊丝

图 2–1　焊接方法

4. 在气焊过程中，如果火焰性质发生了变化，发现熔池有气泡、火花飞溅或沸腾等现象，要及时将火焰调节为（　　），然后再进行焊接。

A. 氧化焰　　B. 中性焰　　C. 碳化焰

5. 如果焊丝过细，焊接时很快熔化下滴，而焊件未及时熔化，则容易产生（　　）缺陷。

A. 未熔合　　B. 咬边　　C. 气孔

6. 通过调节氧气和乙炔的流量大小，可得到不同的火焰能率。若增大火焰能率时，应先________乙炔，后________氧气。（　　）

A. 增加；减少　　B. 减少；减少　　C. 增加；增加

7. 气焊工作结束要熄灭火焰时，应先关闭________调节阀，再关闭________调节阀，这样可以避免出现黑烟。（　　）

A. 乙炔；氧气　　B. 氧气；乙炔　　C. 乙炔；预热氧气

8. 管子直径小于（　　）mm 时，定位焊时定位 2 ~ 3 点。

A. 30　　B. 70　　C. 100

四、问答题

1．怎样调节火焰能率的大小？

2．气焊工艺参数应如何选择？

3．气焊发生回火现象时应如何处理？

4．对接焊缝的表面质量有哪些要求？

5．气焊时，焊道的起头和收尾过程中焊炬倾斜角应如何变化？

6．焊前怎样确定定位焊点？薄板的定位焊怎样进行？

7．气焊时，焊炬和焊丝的运动包括哪三个动作？

8．气焊垂直固定管始焊时，怎样形成熔孔和控制熔孔的大小？

五、技能训练题

将气焊水槽的技能训练内容按表 2–1 所列项目进行填写。焊件图参见教材第二单元课题 2。

表 2–1 **气焊水槽操作**

<table>
<tr><td>操作方法</td><td colspan="5"></td></tr>
<tr><td>焊件尺寸</td><td colspan="3"></td><td>焊件材料</td><td></td></tr>
<tr><td>焊丝牌号</td><td colspan="5"></td></tr>
<tr><td>焊接时间（min）</td><td colspan="5"></td></tr>
<tr><td>设备及工具</td><td colspan="5"></td></tr>
<tr><td rowspan="2">气焊工艺参数</td><td>焊丝直径
（mm）</td><td>火焰性质</td><td>焊接方向</td><td>焊接速度
（m/min）</td><td>焊炬倾斜角
（°）</td></tr>
<tr><td></td><td></td><td></td><td></td><td></td></tr>
<tr><td>操作步骤
及要点</td><td colspan="5"></td></tr>
<tr><td>焊后质量检验</td><td colspan="5"></td></tr>
<tr><td>技能训练体会</td><td colspan="5"></td></tr>
</table>

课题3　气割及设备

一、填空题（将正确答案填在横线上）

1．气割过程包括________________、________________、________________三个阶段。

2．金属的气割过程实质是金属在纯氧中的________过程，而不是________过程。

3．割炬的作用是将__________与________以一定的比例混合后，形成具有一定热量和形状的预热火焰，并在预热火焰的中心喷射__________进行气割。

4．按可燃气体与氧气混合的方式不同，割炬可分为________割炬和________割炬。

5．射吸式割炬的结构可分为__________和__________两部分。

6．射吸式割炬的割嘴中混合气体的喷孔有________形和________形两种。

7．割炬型号G01—30中，G表示________，0表示________，1表示__________，30表示______________。

8．气割时，发生回火应立即关闭____________________，然后关闭____________和____________。

二、判断题（正确的打“√”，错误的打“×”）

1．气割就是利用气体火焰的能量将工件切割处预热到一定温度，使之熔化，然后喷出高速切割氧流，将熔化金属吹掉形成割缝而实现切割的过程。　（　　）

2．钢材含碳量越高，其氧气气割性能越好。　（　　）

3．铸铁不能用氧气切割，因其燃点高于熔点。　（　　）

4．气割时，上层金属产生的热量对下层金属起着预热作用。　（　　）

三、选择题（将正确答案的代号填入括号内）

1．氧气切割过程中，金属燃烧应是（　　）反应。

A．吸热　　B．放热　　C．还原

2．不锈钢不能用一般的氧乙炔焰气割，原因是（　　）。

A．金属导热性好

B．金属燃烧是吸热反应

C．氧化物熔点高

3．钢随着含碳量的增加，其熔点（　　），而燃点（　　），因此（　　）气割的正常进行。

A．升高　　B．降低

C．有利于　　D．不利于

四、名词解释

1．气割

2．割炬

五、问答题

1．气割原理是什么？

2．金属用氧乙炔焰气割的条件是什么？

3．简述射吸式割炬的工作原理。

课题 4　气割的基本操作

一、填空题（将正确答案填在横线上）

1. 气割工艺参数主要包括________、________、________、________和________等。

2. 选择气割氧气压力的依据：一般是随割件厚度的增大而________，或随割嘴代号的增大而________。

3. 预热火焰的作用是把金属割件加热至能在氧气流中________的温度，同时使钢材表面的氧化皮________和________，便于气割________与铁化合。

4. 气割割嘴与割件的倾斜角方向要随割件厚度而定。当割件厚度小于 6 mm 时，割嘴倾斜角方向为后倾________；当割件厚度为 6 ~ 30 mm 时，割嘴倾斜角方向为垂直；当割件厚度大于 30 mm 时，开始起割时割嘴倾斜角方向为前倾________，割穿后割嘴倾斜角方向为垂直，停割时应将割嘴后倾________。

5. 割嘴与割件表面的距离要根据预热火焰的________和割件________确定。

6. 点火前先检查割炬的________。如果检查结果不正常，则应查明原因，________后方能使用，或者________。

7. 在气割过程中，有时会出现爆鸣和回火现象，这是由于________或________，致使割嘴堵塞或乙炔供应不足而引起的。

8. 气割时，上身不要弯得________，呼吸要有________，眼睛要注视________、________和________。

9. 气割现场的乙炔瓶、氧气瓶距离割炬或其他火源不得小于________m；两瓶之间的距离不得小于________m。

二、判断题（正确的打“√”，错误的打“×”）

1. 气割速度主要取决于割件的厚度，割件越厚，气割速度越快。　（　）
2. 只要控制好气割速度，气割的后拖量是可以避免的。　（　）
3. 气割时，预热火焰应采用中性焰或碳化焰。　（　）
4. 预热火焰能率的大小与割件厚度有关，割件越厚，火焰能率应越大。　（　）

三、选择题（将正确答案的代号填入括号内）

1. 气割点火后，应将火焰调节为________或轻微________。（　）

A. 碳化焰；氧化焰　　B. 中性焰；碳化焰

C. 中性焰；氧化焰

2. 气割后拖量过大主要是由于（　）引起的。

A. 气割速度过快　　B. 气割速度过慢

C. 氧气压力太高

3．氧乙炔焰气割时，预热火焰应采用（　　）。

A．中性焰　　B．氧化焰　　C．碳化焰

四、问答题

1．气割工艺参数应如何选择？

2．什么是后拖量？

3．气割厚板时应怎样减小后拖量？

4．在气割过程中，有时会出现爆鸣和回火现象，应如何处理？

5．中厚板气割的特点是什么？

6．简述中厚板气割工艺要求。

五、技能训练题

将中厚板气割的技能训练内容按表 2–2 所列项目进行填写。割件图参见教材第二单元课题 4。

表 2–2　　中厚板气割操作

<table>
<tr><td>操作方法</td><td colspan="5"></td></tr>
<tr><td>割件尺寸</td><td colspan="2"></td><td>割件材料</td><td colspan="2"></td></tr>
<tr><td>气割时间（min）</td><td colspan="5"></td></tr>
<tr><td>设备及工具</td><td colspan="5"></td></tr>
<tr><td rowspan="2">气割工艺参数</td><td>气割氧气压力（MPa）</td><td>火焰性质</td><td>气割方向</td><td>气割速度（mm/min）</td><td>割炬倾斜角（°）</td></tr>
<tr><td></td><td></td><td></td><td></td><td></td></tr>
<tr><td>操作步骤及要点</td><td colspan="5"></td></tr>
<tr><td>割后质量检验</td><td colspan="5"></td></tr>
<tr><td>技能训练体会</td><td colspan="5"></td></tr>
</table>

课题5 机械化气割设备与数控气割操作

一、填空题（将正确答案填在横线上）

1. CG1—100型半自动气割机能切割__________或__________，__________角度可前后、左右随意调节，双割炬可同时切割，切割钢板厚度为__________mm，切割圆周直径为________mm。

2. 仿形气割机的结构形式有______________和______________两种，其工作原理是____。靠轮分为________靠轮和________靠轮两种。

3. 光电跟踪气割机特别适合________切割和_________________________的切割。

4. 数控自动气割机不仅可省去________、________等工序，使气割劳动强度大大降低，而且________质量好，生产效率高。

5. 数控气割机主要由____________和_____________________两部分组成。

6. 高精度龙门式数控气割机的气割执行机构采用___________________，门架可在两根____________上行走。

7. 便携式数控气割机由_____________________________、_____________________________、________________和________________组成。

8. 便携式数控气割机需要将切割的零件在计算机上绘制成____________，并转换成用于切割的________，存入U盘中，并将U盘插入数控气割机的________接口，同时由人工调试好割炬____________，最后启动数控气割机进行数控自动切割。

二、判断题（正确的打"√"，错误的打"×"）

1. 仿形气割机切割工件时，必须先根据被割工件的形状设计样板。（　　）

2. 光电跟踪气割机能任意切割复杂平面图形，工作方便、灵活，可随意搬移。（　　）

3. 龙门式数控气割机能任意切割复杂平面图形。（　　）

三、选择题（将正确答案的代号填入括号内）

1. 便携式数控气割机发生回火时，必须立即关闭调节阀。关闭的顺序为（　　）。

A. 切割氧→乙炔→预热氧

B. 切割氧→预热氧→乙炔

C. 乙炔→预热氧→切割氧

2.（　　）工作方便、灵活，可随意搬移，不占固定场地，但只能切割较小尺寸的工件。

A. 半自动气割机

B. 便携式数控气割机

C. 光电跟踪气割机

四、问答题

1．CG1—30 型和 CG2—150 型各属于什么类型的气割机？

2．简述光电跟踪气割机和数控气割机的工作原理。

3．便携式数控气割机、龙门式数控气割机及半自动气割机各有什么特点？

4．简述便携式数控气割机的操作流程。

第三单元　焊条电弧焊

课题 1　弧焊电源、焊条及工具

一、填空题（将正确答案填在横线上）

1．焊条电弧焊是由________、________、________、________、________和________组成的。

2．弧焊电源为焊接电弧稳定燃烧提供所需要的合适的______和______。焊接电弧是______，焊接电缆将电源分别与______、______连接在一起。

3．在电弧稳定燃烧状态下，弧焊电源________与________之间的关系称为弧焊电源的外特性。

4．弧焊电源的外特性基本上可分为________、________和________三种类型。对于焊条电弧焊来说，必须有________的外特性才能保证焊接电弧稳定燃烧。

5．为使焊接电弧能够在要求的焊接电流下稳定燃烧，对弧焊电源有________、________、________、________和________的要求。

6．焊机型号 BX3—300 中的 B 表示______________，X 表示______________，3 表示______________，300 表示______________。

7．焊机型号 ZX7—300 中的 Z 表示______________，X 表示______________，7 表示______________，300 表示______________。

8．负载持续率是指焊机________占________的百分率。

9．弧焊电源在使用时，不能超过焊机铭牌上规定的负载持续率下允许使用的______；否则焊机会因________而烧毁。

10．弧焊电源的动特性是指弧焊电源适应________变化的特性。

11．在焊条电弧焊中，焊接电流的调节是通过改变弧焊电源______曲线的位置来实现的。

12．按获得陡降外特性的方法不同，弧焊变压器可分为____________和____________两类。前者的结构形式有____________和________两类；后者的结构形式有________、________和________三类。

13．动铁心式弧焊变压器若移动____________，即可改变一次绕组和二次绕组的________，实现焊接电流的调节。

14．动铁心式弧焊变压器的动铁心向外移动，则焊接电流________；动铁心向内移动，则焊接电流________。

15．动圈式弧焊变压器凭借手柄转动使二次绕组沿铁心上下移动，改变一次绕组和二次绕组间的________，以此来改变它们之间的________。

16．动圈式弧焊变压器调节焊接电流时，一次绕组、二次绕组间的距离越________，漏抗越________，焊接电流越________。

17．常用的焊条电弧焊弧焊电源有______________________、______________________和________________三种类型，而弧焊发电机已逐渐被________________所取代。

18．BX1—330 型弧焊变压器的焊接电流调节是通过改变动铁心的位置实现的。动铁心向外移动，则焊接电流________；动铁心向内移动，则焊接电流________。

19．BX3—330 型弧焊变压器的焊接电流调节是通过改变二次绕组与一次绕组之间的距离来实现的。二次绕组与一次绕组距离增大时，则焊接电流会________；二次绕组与一次绕组距离减小时，则焊接电流会________。

20．酸性焊条的药皮中含有大量的酸性__________，其______________性能好，宜用__________弧焊机；碱性焊条药皮中的成分以碱性________________________为主，其力学性能和_________都比酸性焊条好，但是________________不如酸性焊条。采用直流焊接电源必须用直流反接，即焊件接________极，焊条接________极。

21．弧焊整流器是一种将________变压、整流转换成________的弧焊电源。

22．ZX5 系列晶闸管弧焊整流器由______________、______________、______________、____________和________________等部件组成。

23．逆变式弧焊电源主要由______________________________、____________________、________________、________________、______________和________________等部件组成。

24．逆变式弧焊电源的基本原理可以归纳为______________________→_____________→__________________________→______________________________。

25．选用低氢钠型焊条时，必须选择________流弧焊电源；焊接产品质量要求不高时，选择________流弧焊电源。

26．焊件较薄且使用的焊条直径较细时，应选择输入容量较________、电流调节范围________的弧焊电源。

27．在焊接工作量不大，且碱性焊条和酸性焊条都需要使用时，可选用________弧焊电源。

28．弧焊整流器应根据焊接工艺的要求来确定极性。如果采用正接法，则焊钳接________极，地线接_________极；如果采用反接法，则焊钳接_________极，地线接________极。

29．焊接电缆一般采用____________绞成的多股软电缆，电缆长度在 20 m 以下且所用焊接电流为 300 A 时，导线截面积可为________mm^2；如果导线再长，导线截面积可为________mm^2。

30．焊机的接线和安装应由________负责，焊工不应自行动手操作。

31．焊机接入网络时，其网络电压必须与焊机________电压相符，并将焊机可靠接地。焊机的一次接线应由专门的________负责安装。

32．暂停工作时不准将焊钳搁在焊件上，以免________过大烧损焊机。

33．使用焊机时，应按照焊机的负载持续率所对应的许用________使用，不要使焊机在________状态下运行。

34．焊条可作为电极，又可作为____________与母材熔合后形成____________。

35．焊条由________和________组成。焊条________端没有药皮，被焊钳夹住后利于导电。焊条引弧端的药皮被磨成________，便于焊接时引弧。

36．焊芯牌号 H08A 中的 H 表示____________，08 表示______________________，A 表示______________。

37．焊条直径是以________直径来表示的。

38．焊条药皮是由各种________________、______________、______________和____________等原料，按一定比例配制后压涂在焊芯表面的。

39．焊条药皮组成物根据药皮成分在焊接过程中的作用通常可分为________________、________________、________________、________________、________________、________________、________________、________________。

40．焊条药皮中稳弧剂的作用是________________和________________。

41．焊条药皮中造渣剂的作用是________________和________________。

42．焊条药皮中造气剂的作用是____和______________________________。

43．焊条药皮中脱氧剂的作用是对________和____________脱氧。

44．焊条药皮中合金剂的主要作用是补偿焊接过程中被烧损、蒸发的____________。

45．常用的结构钢焊条药皮类型有________________________、________________、________________________、________________、________________、________________、______________、______________、______________、______________、______________、______________、______________共 13 种。

46．熔渣以______________________为主的焊条称为酸性焊条。酸性焊条突出的特点是________________________，______________，____________，____________，____________，________________，________________________，________________，而且____________。它广泛用于焊接________和__________________________。

47．熔渣以____________和__________为主的焊条称为碱性焊条。碱性焊条突出的特点是________________________，________________，________________，______________，________________，________________，________________，但焊缝金属的_____________和____________均较好。它可用于________和________________的焊接。

48．________性焊条对铁锈、水分、油等污物的敏感性较大。

49．使用低氢钠型碱性焊条，必须采用__________弧焊电源，这是因为碱性焊条药皮中含有________________。

50．按用途划分，焊条可分为________________________________、______________、________________、______________、______________、________________________、______________、________________。

51．焊条型号 E4303 中的 E 表示________，43 表示______________________________，

0 表示________，03 连在一起表示____。

52．E5015 型焊条的药皮是__________型，其主要组成物是__________和__________，其电源应选用________。E5016 型焊条的药皮属于________型，其电源既可用________又可用________。

二、判断题（正确的打“√”，错误的打“×”）

1．在焊接回路中，弧焊电源输出的电流就是焊接电流。（ ）

2．焊接电弧的静特性曲线与弧焊电源的外特性曲线可以按同一比例绘制在一个直角坐标系中。（ ）

3．弧焊电源的外特性曲线与电弧的静特性曲线有两个交点，两个交点都是电弧的稳定燃烧点。（ ）

4．在满足焊接工艺要求的前提下，弧焊电源的空载电压应尽可能低些。（ ）

5．弧焊电源下降外特性曲线越陡，电弧燃烧越稳定。（ ）

6．弧焊电源的温升与焊接电流大小有关。（ ）

7．焊机的负载持续率越高，可以使用的焊接电流就越大。（ ）

8．焊接电源的网络电压波动对焊接参数的稳定没有影响。（ ）

9．焊条电弧焊对弧焊电源的基本要求是具有陡降的外特性。（ ）

10．在焊机上调节电流实际上是调节外特性曲线。（ ）

11．弧焊电源的外特性曲线都是下降的。（ ）

12．动圈式弧焊变压器的铁心呈口形，一次绕组（固定）绕在两个铁心柱的底部，二次绕组（可动）装在铁心柱的活动支架上。（ ）

13．动圈式弧焊变压器通过改变一次绕组、二次绕组间的距离，来改变它们之间的漏抗，从而调节焊接电流。（ ）

14．动圈式弧焊变压器一次绕组、二次绕组间的距离越大，漏抗越大，焊接电流越小。（ ）

15．弧焊变压器通常称为交流弧焊机，它是一种特殊的降压变压器。（ ）

16．由于旋转式弧焊发电机耗电量高，噪声大，因此它不是理想的弧焊电源，逐渐被弧焊整流器所代替。（ ）

17．交流弧焊电源的正接和反接没有区别。（ ）

18．交流弧焊电源比直流弧焊电源容易产生电弧磁偏吹现象。（ ）

19．弧焊电源的空载电压即为电弧电压。（ ）

20．弧焊电源的种类应根据焊条药皮的性质进行选择。（ ）

21．改变焊机的极性和粗调焊接电流必须在断电的情况下进行。（ ）

22．当焊机出现故障时，应及时切断电源，再进行检查和修理。（ ）

23．焊机的一次接线应由焊工本人负责安装。（ ）

24．因为焊接电弧是电阻负载，所以其遵循欧姆定律，即电流与电压成正比。（ ）

25．所有焊接方法电弧静特性曲线的形状都是一样的。（ ）

26．焊机空载时，由于输出端没有电流，因此不消耗电能。（ ）

27．弧焊变压器的空载电压都比直流弧焊机高。（ ）

28．焊机输出端不能形成短路，否则电源熔丝将被熔断。（　）
29．弧长变化时，焊接电流和电弧电压都要发生变化。（　）
30．一种焊接方法具有无数条电弧静特性曲线。（　）
31．一台焊机具有无数条外特性曲线。（　）
32．在焊机上调节焊接电流实际上就是调节电弧静特性曲线。（　）
33．焊条电弧焊时，转动焊机手柄只是调节焊接电流，电弧电压并不产生变化。（　）
34．弧焊变压器全都是降压变压器。（　）
35．晶闸管整流弧焊机与直流弧焊机不同，它不需要由电动机拖动，所以其电源是单相的。（　）
36．所有直流弧焊机均属淘汰产品。（　）
37．弧焊变压器输出端的两个接线柱没有正极、负极之分。（　）
38．焊条直径实际是指焊芯的直径。（　）
39．焊芯的牌号与钢材的牌号表示方法相同。（　）
40．H08 焊丝的平均含碳量为 0.8%。（　）
41．H08E 的含义是碳素结构钢用特别优质的焊芯。（　）
42．与光焊条相比，药皮焊条容易产生焊缝夹渣。（　）
43．焊条电弧焊时，在整个焊缝金属中焊芯金属只占极少的一部分。（　）
44．凡是低氢型焊条均必须采用直流弧焊电源。（　）
45．凡是可以使用交流电源的焊条都属于交直流两用焊条。（　）
46．酸性焊条在焊接前不允许烘干。（　）
47．交直流两用的焊条都是酸性焊条。（　）
48．酸性焊条对铁锈、水分和油污的敏感性小。（　）
49．E5015 是典型的碱性焊条。（　）
50．E4303 是典型的酸性焊条。（　）
51．E5015 焊条适用于全位置焊。（　）
52．碱性焊条的工艺性能差，引弧困难，电弧稳定性差且飞溅大，故只能用于一般结构的焊接。（　）
53．碱性焊条的氧化性弱，对油污、水分、铁锈等很敏感，故这类焊条不能用于重要结构的焊接。（　）
54．酸性焊条和碱性焊条的区别在于药皮的成分不同，焊芯都是一样的。（　）
55．铁粉焊条的主要优点是可以改善焊缝的外表成形。（　）
56．焊条药皮中，造气剂的主要作用是稳定电弧。（　）
57．在同样的铁锈和水分含量情况下，碱性焊条比酸性焊条容易产生气孔。（　）
58．碱性焊条只能选用直流弧焊电源。（　）
59．直流反接是指焊条接正极、焊件接负极。（　）
60．焊接厚钢板时应采用直流正接，焊接薄钢板时应采用直流反接。（　）
61．焊工面罩上所用的滤光玻璃分为 6 个型号，号数越大，颜色越深。（　）

三、选择题（将正确答案的代号填入括号内）

1. 焊条电弧焊要求弧焊电源具有（　　）外特性。

A. 陡降　　B. 平　　C. 上升

2. 如果 BX3—300 型弧焊电源两个绕组间的距离增大，则焊接电流（　　）。

A. 不变　　B. 增大　　C. 减小

3. 动圈式弧焊变压器依靠（　　）来获得下降外特性。

A. 动铁心　　B. 漏抗　　C. 串联电抗器

4. ZXG—500 型弧焊变压器的（　　）焊接电流为 500 A。

A. 额定　　B. 许用　　C. 最大

5. 焊接时，要采用直流反接，应选用（　　）型弧焊电源。

A. BX3—300　　B. ZX5—500　　C. BX1—500

6. 焊机铭牌上的负载持续率用于（　　）。

A. 电工安装时考虑的

B. 告诉焊工注意焊接电流与时间的关系

C. 表明焊机极性

7.（　　）焊接电源最容易由自身磁场引起磁偏吹现象。

A. 交流　　B. 脉冲　　C. 直流

8. 在弧焊电源外特性曲线与电弧静特性曲线的交点上，弧焊电源的输出电流（　　）焊接电流。

A. 等于　　B. 大于　　C. 小于

9. 在弧焊电源外特性曲线与电弧静特性曲线的交点上，弧焊电源的输出电压（　　）电弧电压。

A. 等于　　B. 大于　　C. 小于

10. 焊条电弧焊的电弧电压（　　）弧焊电源的空载电压。

A. 等于　　B. 大于　　C. 小于

11. 焊接时，弧焊变压器过热是由（　　）造成的。

A. 焊机过载　　B. 焊接电缆线过长

C. 电焊钳过热

12. 焊接过程中电流忽大忽小是由（　　）造成的。

A. 焊机外壳带电　　B. 焊机过载

C. 焊接电缆线与焊件接触不良

13. 焊接时，弧焊电源发热取决于（　　）。

A. 焊接电流大小　　B. 弧焊电源的负载状态

C. 焊接电流大小和弧焊电源的负载状态

14. 焊钳过热与（　　）无关。

A. 焊接电流大小　　B. 导线接触情况

C. 焊接速度

15. 对于同一弧焊电源，当使用的负载持续率增大时，其许用电流应（　　）。

A．增加　　B．减小　　C．保持不变

16．焊接电源输出电压与输出电流之间的关系称为（　　）。
A．电弧静特性　　B．电源动特性
C．电源外特性　　D．电源调节特性

17．焊接电源输出电压随输出电流的增大而下降的外特性是（　　）。
A．上升外特性　　B．下降外特性
C．水平外特性　　D．缓升外特性

18．焊机一次电源的接线和安装应由（　　）负责。
A．焊工本人　　B．电工　　C．焊工组组长

19．焊条电弧焊时，焊接电源的种类应根据（　　）进行选择。
A．焊条直径　　B．焊条性质　　C．焊件厚度

20．焊芯牌号末尾注有“高（A）”字，表示焊芯含硫、磷量均小于（　　）。
A．0.025%　　B．0.030%　　C．0.040%

21．在焊条药皮中，大理石的作用是（　　）。
A．稳弧剂　　B．造气剂
C．造渣剂　　D．合金剂

22．用E4303型焊条焊接的焊缝熔敷金属抗拉强度为（　　）MPa。
A．430　　B．43　　C．3

23．E5015型焊条的药皮类型为（　　）。
A．钛钙型　　B．低氢钠型　　C．低氢钾型

24．焊缝要求抗裂性好时，应选用（　　）焊条。
A．酸性　　B．碱性　　C．铁粉

25．在没有直流电源的情况下，应选用（　　）型焊条。
A．E4315　　B．E5003　　C．E5015

26．H08E与H08A的区别在于（　　）。
A．含硫量不同　　B．含碳量不同　　C．含硫、磷量不同

27．H08MnA焊丝的含碳量为（　　）。
A．0.08%　　B．0.8%　　C．8%

28．若焊件材料中碳或硫、磷等含量较高时，应选用（　　）的焊条。
A．工艺性好　　B．抗裂性好　　C．脱渣性好

29．E6015型焊条在使用时应采用（　　）。
A．交流电源　　B．脉冲电源　　C．直流反接

30．焊接不锈钢时应选用的焊条牌号是（　　）。
A．E308—16　　B．E5015　　C．E4316

31．焊接产品质量要求不高时，可选择（　　）弧焊电源。
A．直流　　B．交流　　C．逆变式

32．焊条的直径是以（　　）来表示的。
A．焊芯直径　　B．焊条外径
C．药皮厚度　　D．焊芯直径与药皮厚度之和

33．焊缝要求塑性好、冲击韧度高时，应该选用（　　）焊条。

A．酸性　　B．碱性　　C．不锈钢　　D．铸铁

34．焊条药皮中的（　　）可以使焊条在交流电或直流电的情况下都容易引弧、稳定燃烧以及熄灭后再引弧。

A．稳弧剂　　B．造气剂　　C．脱氧剂　　D．合金剂

35．焊条药皮中的（　　）可以使熔化金属与外界空气隔离，防止空气侵入。

A．稳弧剂　　B．造渣剂　　C．脱氧剂　　D．合金剂

36．焊条电弧焊通常根据（　　）决定焊接电源种类。

A．焊件厚度　　B．焊件的成分　　C．焊条类型　　D．焊件的结构

37．通过相同的电流时，焊接电缆越长，则其截面积应（　　）。

A．越大　　B．越小　　C．不变

38．滤光玻璃的号数越大，则其颜色________，适用的焊接电流________。（　　）

A．越浅；越小　　B．越深；越小　　C．越深；越大　　D．越浅；越大

四、名词解释

1．空载电压

2．弧焊电源的动特性

3．焊芯

4．药皮

5. 解释下列焊条型号的含义：

（1）E4303

（2）E5015

（3）E5015—A1

（4）E5515—B2—VNb

（5）E308—16

（6）E410NiMo—15

五、问答题

1. 为什么焊条电弧焊要求焊接电源具有下降的外特性？

2. 缓降和陡降的焊条电弧焊电源外特性，哪一种更有利于电弧的稳定燃烧？为什么？

3. 对弧焊电源的空载电压、短路电流、动特性、调节特性各有什么要求？

4. 常用焊机型号的编排及含义如何？举例说明。

5. 负载持续率与许用焊接电流的关系如何？

6．以 BX3—300 型焊机为例，说明动圈式弧焊变压器的下降外特性和电流调节是如何实现的？

7．动铁心式、动圈式弧焊变压器的焊接电流调节是如何实现的？

8．试比较酸性焊条和碱性焊条的工艺性能、力学性能和抗裂性能，以及它们对焊接电源、极性的要求。

9．晶闸管弧焊整流器由哪些部件组成？其作用如何？它的外特性是如何实现的？试以ZX5 系列晶闸管弧焊整流器为例说明。

10．逆变整流弧焊电源的基本原理是什么？

11．使用焊条电弧焊焊机时要注意哪些事项？

12．如何选择焊条电弧焊电源？

13．焊条按其用途不同可分为哪几大类？

六、计算题

1．如果焊机的负载持续率为60%，焊工在5 min工作周期内，除焊接外，更换焊条和清渣等应该用多少时间？

2．焊工在5 min工作时间内，除焊接外，清理焊渣花费1.5 min，更换焊条用了0.5 min，求此时焊机的负载持续率是多少？

3．如果使用的焊接电流最大范围为280 ~ 300 A，焊机到施工位置相距17 m，所需的焊接电缆截面积为多少？

课题 2　平敷焊操作

一、填空题（将正确答案填在横线上）

1. 平焊时一般采用蹲式操作姿势。蹲姿要自然，两脚夹角为____________，两脚距离为____________mm。持焊钳的胳膊半伸开，要_________无依托地操作。

2. 焊接时按需要调节_________电流，使焊条不易粘住焊件。

3. 在引弧过程中，如果焊条与焊件粘在一起，应立即将焊钳与焊条_________。待焊条冷却后，就很容易将其扳下来。

4. 引弧前，如果焊条端部有药皮套筒，可以将套筒_________，这样引弧就较为快捷。

5. 焊条电弧焊的引弧方法一般有_____________和_____________两种。常用的收尾方法有_______________________、___________________和_________________三种。

6. 运条有三个基本运动，分别为____、_______________________和_____________。

7. 焊条下送速度应与焊条的熔化速度相同；否则，会发生_____________或焊条与焊件_________现象。

8. 若焊条向前移动速度过_________，会出现焊道较窄、未焊透等问题；焊条向前移动速度过慢，会使焊道过高、过宽，甚至出现烧穿等缺陷。

9. 焊条的横向摆动是为了得到一定__________________________的焊道。其摆动幅度根据____________________、________________等因素决定。

10. 弧焊电源的外部接线主要包括____________________、_____________、_____________和________________的连接。

11. 弧焊变压器输出端的两个接线柱没有_________之分。

二、判断题（正确的打"√"，错误的打"×"）

1. 连接交流弧焊机外部线路时不需要考虑极性。（　　）
2. 焊条电弧焊运条时主要应保持电弧长度不变。（　　）
3. 采用碱性焊条焊接时应该用短弧焊接。（　　）
4. 焊条横向摆动的目的是获得一定宽度的焊缝。（　　）
5. 锯齿形运条法适用于薄板和接头间隙较大的焊缝。（　　）
6. 检查焊接场地周围 10 m 范围内，不能存在易燃、易爆物品。（　　）
7. 盛装过可燃气体、液体、有毒物质的各种容器未经过清洗，不能进行焊接作业。（　　）
8. 电弧辐射能引起电光性眼炎，操作时各工位间应设防护屏。（　　）

三、选择题（将正确答案的代号填入括号内）

1. 将焊条像划火柴一样在焊件表面划擦一下，提起 2 ~ 3 mm 的高度引燃电弧，引弧后应保持电弧长度不超过所用（　　）。

A．焊条直径　　B．药皮直径　　C．焊件厚度

2．直流弧焊机外部线路的连接（　　）考虑极性。

A．不需要　　B．需要

3．焊条电弧焊焊接厚板时，应用较多的运条方法为（　　）。

A．直线往复运条法　　B．锯齿形运条法

C．斜三角形运条法

4．焊钳过热与（　　）无关。

A．焊接电流大小　　B．导线接触情况　　C．焊接速度

5．焊条电弧焊焊接薄板时，应用较多的运条方法是（　　）运条法。

A．直线往复　　B．锯齿形　　C．斜三角形

四、问答题

1．常用的运条方法有哪些？适用于哪些场合？

2．焊道接头的连接方式一般有哪些？

3．焊道的连接方式应用最多的是哪种？简述其接头方式。

4．常用的收尾方法各适用于什么场合？

5．如图 3-1a、b、c 所示为焊钳夹持焊条的角度，判断这三种方式哪种正确，正确的在括号内打“√”，错误的在括号内打“×”，并在对应的图 3-2a、b、c 后的横线上写明原因。

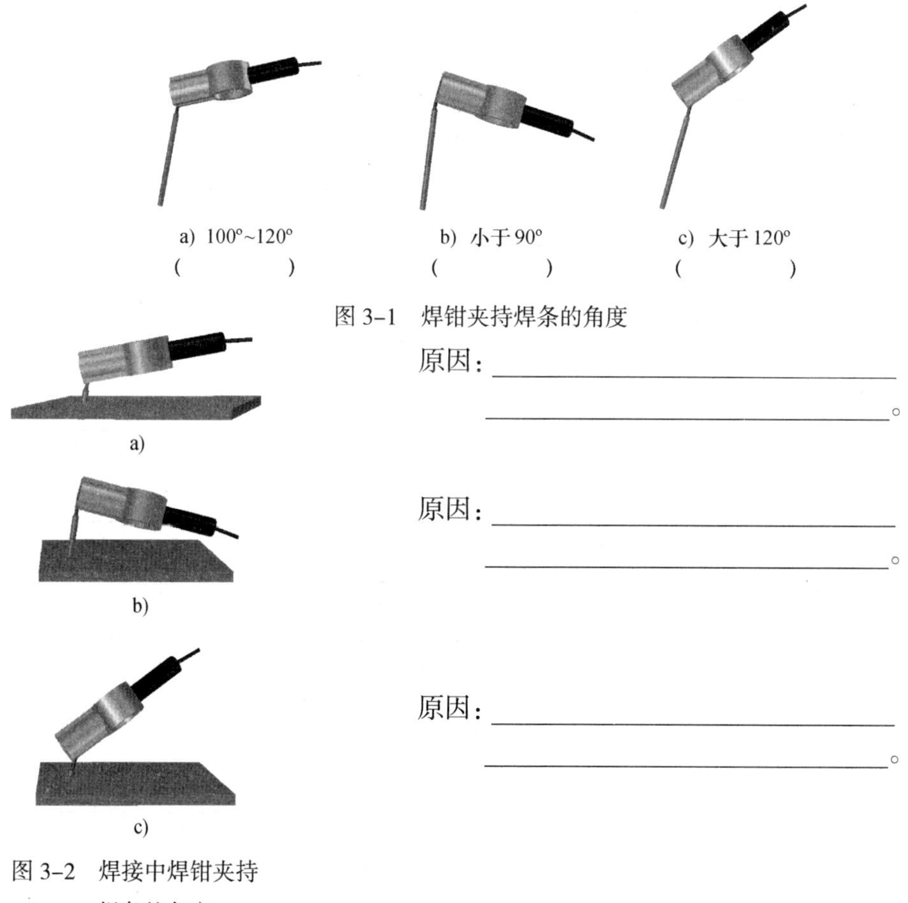

图 3-1　焊钳夹持焊条的角度

图 3-2　焊接中焊钳夹持焊条的角度

五、技能训练题

1．将平敷焊的技能训练内容按表 3–1 所列项目进行填写。焊件图参见教材第三单元课题 2。

表 3–1　平敷焊操作

操作步骤及要点				
训练次数 焊接参数	第一个焊件	第二个焊件	第三个焊件	第四个焊件
焊接电流（A）				
电弧电压 （电弧长度）（V）				
一根焊条熔焊长度 （mm）				
焊条型号及直径 （mm）				
运条方法				
焊条角度（°）				
焊缝宽度（mm）				
焊后质量检验				
技能训练体会				

2. 将平敷断续焊的技能训练内容按表 3–2 所列项目进行填写。焊件图参见教材第三单元课题 2。

表 3–2　　平敷断续焊操作

操作步骤及要点				
焊接参数 \ 训练次数	第一个焊件	第二个焊件	第三个焊件	第四个焊件
焊接电流（A）				
电弧电压（电弧长度）（V）				
一根焊条熔焊长度（mm）				
焊条型号及直径（mm）				
运条方法				
焊条角度（°）				
焊缝宽度（mm）				
焊后质量检验				
技能训练体会				

3．将平敷堆焊的技能训练内容按表 3–3 所列项目进行填写。焊件图参见教材第三单元课题 2。

表 3–3　　平敷堆焊操作

<table>
<tr><td>操作步骤及要点</td><td colspan="4"></td></tr>
<tr><td>训练次数
焊接参数</td><td>第一个焊件</td><td>第二个焊件</td><td>第三个焊件</td><td>第四个焊件</td></tr>
<tr><td>焊接电流（A）</td><td></td><td></td><td></td><td></td></tr>
<tr><td>电弧电压
（电弧长度）（V）</td><td></td><td></td><td></td><td></td></tr>
<tr><td>一根焊条熔焊长度
（mm）</td><td></td><td></td><td></td><td></td></tr>
<tr><td>焊条型号及直径
（mm）</td><td></td><td></td><td></td><td></td></tr>
<tr><td>运条方法</td><td></td><td></td><td></td><td></td></tr>
<tr><td>焊条角度（°）</td><td></td><td></td><td></td><td></td></tr>
<tr><td>焊缝宽度（mm）</td><td></td><td></td><td></td><td></td></tr>
<tr><td>焊后质量检验</td><td></td><td></td><td></td><td></td></tr>
<tr><td>技能训练体会</td><td colspan="4"></td></tr>
</table>

课题 3　平角焊操作

一、填空题（将正确答案填在横线上）

1．焊条电弧焊的焊接参数通常包括________、________、________、________、________、________等。

2．焊条电弧焊时，焊条直径的选择与________、________、________和________等因素有关。

3．选择焊接电流的主要依据是________、________、________，可凭焊接经验来调节合适的焊接电流。

4．焊条电弧焊时的电弧电压主要由________决定。电弧________，电弧电压就高；电弧________，电弧电压就低。

5．对于一些重要的结构，焊接层数多些为好，每层厚度最好不大于________mm。

6．当焊接电流________或焊接速度________时，会使焊接热输入增大，这时过热区的晶粒________，冲击韧度严重________；反之，热输入趋小时，硬度虽有所________，但韧性________。

7．焊条电弧焊计算焊接电流的经验公式是________。

8．角焊缝常采用的接头形式有________、________和________。

9．焊脚尺寸决定焊接层数和焊道数量，当焊脚尺寸在 5 mm 以下时，采用________层焊；焊脚尺寸为 6 ~ 10 mm 时，采用________层焊；焊脚尺寸大于 10 mm 时，采用________焊。

10．焊接不同板厚的平角焊缝时，要相应地调节________，电弧要偏向于________一侧，使薄板、厚板受热趋于均匀，以保证接头熔合良好。

11．平角焊运条过程中，要始终注视熔池的熔化状况，一方面保持熔池在接口处________或________，以便使立板和平板的焊道充分熔合；另一方面保证________的保护作用，既不超前，也不拖后；通过________调整和适当________，保证焊件所要求的焊脚尺寸。

12．T 形接头焊件装配时，考虑到焊件焊后产生变形的可能性，可采取________法和________法，以减少焊后变形。

13．船形焊可使用________直径焊条和________电流焊接，而且能一次焊成较大截面的焊缝，从而大大提高了________，容易获得平整、美观的焊缝。

14．焊接搭接接头的角焊缝时，上板的边缘容易受电弧高热熔化而产生________，同时焊缝容易产生焊脚________缺陷，因此必须很好地掌握________和________。

15．所谓短弧，一般认为电弧长度是焊条直径的________倍。

16．选用直径为 4 mm 的焊条时，焊接电流的选择范围一般为________A。

17．平角焊是将角焊缝接头处于________位置进行焊接的操作。

18. T形接头和角接接头处于平焊位置进行的焊接称为________焊。

19. 将三块钢板装配并焊接成工字梁，应有________________条焊缝，其焊接接头属于________接头形式。

20. 将板厚为10 mm的两块钢板搭接起来，最大焊脚尺寸是________mm。

21. 焊接过程中，如果熔渣超前，容易造成________；熔渣拖后，焊缝____________。

二、判断题（正确的打“√”，错误的打“×”）

1. 焊条电弧焊时，为了保证焊缝质量，应选择合适的电弧电压。（　　）

2. 在所有焊接位置中，以平焊位置的焊缝质量最好。（　　）

3. 可以采用交流电源进行焊接的焊条，一定也可以采用直流电源进行焊接。（　　）

4. 为了提高焊接生产效率，焊条电弧焊时应尽可能选用较大的焊接电流。（　　）

5. 焊接时，如果焊接电流过小，熔渣和液态金属则不易分清，容易出现夹渣缺陷。（　　）

6. 为提高焊接生产效率，应尽量拉长电弧长度，通过提高电弧电压来实现。（　　）

7. 焊条电弧焊时，酸性焊条焊接所采用的弧长要比同直径的碱性焊条所采用的弧长长些。（　　）

8. 为保证焊透，同样板厚的T形接头所选用的焊条直径应比对接接头所选用焊条的直径小。（　　）

9. 由于焊条电弧焊平焊时熔深较大，因此横焊、立焊、仰焊时焊接电流应比平焊位置大些。（　　）

10. 搭接接头的焊缝属于角焊缝。（　　）

11. 角接接头常用于重要的焊接结构中，所以角接接头是焊接结构中采用最多的接头形式。（　　）

12. 焊条横向摆动的目的是获得一定宽度的焊缝。（　　）

13. 为了保证根部焊透，对多层焊的第一层焊道应采用大直径的焊条进行焊接。（　　）

14. 多层焊时，每层焊缝的厚度不宜过大，否则对焊缝金属的塑性不利。（　　）

15. 常用的断续角焊缝应该是交错式的。（　　）

16. 在所有的角焊缝中，焊脚尺寸总是等于焊脚。（　　）

17. 在所有的角焊缝中，焊缝计算厚度均大于焊缝厚度。（　　）

18. 焊接T形接头时，应尽可能把焊件放成船形焊位进行焊接，这样可提高生产效率。（　　）

三、选择题（将正确答案的代号填入括号内）

1. 如果焊接参数选择和操作不当，平焊打底时容易造成根部（　　）。
   A. 裂纹及气孔　　B. 裂纹及未焊透
   C. 焊瘤及咬边　　D. 焊瘤或未焊透及夹渣

2. 多层多道焊与多层焊时，应特别注意（　　），以免产生夹渣、未熔合等缺陷。

A. 选用小直径焊条　　B. 摆动焊条

C. 清除熔渣

3.（　　）焊可以选用较大直径的焊条和较大的焊接电流。

A. 平　　B. 立　　C. 横　　D. 仰

4. 焊接电流过小且熔渣超前容易产生（　　）缺陷。

A. 焊瘤　　B. 咬边　　C. 夹渣

5.（　　）一旦确定下来，也就限定了焊接电流的选择范围。

A. 热输入　　B. 焊条直径　　C. 焊接层数

6. 手工电弧焊 T 形接头平角焊时，（　　）最容易产生咬边。

A. 厚板　　B. 薄板

C. 立板　　D. 平板

7. 在凸形角焊缝中，焊缝计算厚度________焊缝厚度；在凹形角焊缝中，焊缝计算厚度________焊缝厚度。（　　）

A. 大于；大于　　B. 小于；小于

C. 大于；小于　　D. 小于；大于

8. 热输入与（　　）无关。

A. 焊接电流　　B. 电弧电压

C. 空载电压　　D. 焊接速度

9.（　　）不是产生未焊透的原因。

A. 坡口角度太小，钝边太大，间隙太小

B. 采用短弧焊

C. 焊接速度太快

D. 焊条角度不合适，电弧偏吹

10. 焊接前，焊工应对工作服进行安全检查，但（　　）不属于安全检查内容。

A. 工作服是否完好，不应有破损、孔洞和缝隙

B. 工作服新旧程度

C. 工作服的衣领和袖口是否扣好

D. 工作服上衣不应放在工作裤里边

11. 焊接速度过高时，会产生（　　）等缺陷。

A. 焊瘤　　B. 热裂纹

C. 气孔　　D. 烧穿

12.（　　）不是防止未熔合的措施。

A. 焊条角度和运条要合适

B. 认真清理坡口和焊缝上的污物

C. 采用稍大的焊接电流，焊接速度不应过快

D. 按规定参数严格烘干焊条

四、问答题

1．在操作中如何根据焊接经验选择焊接电流？

2．什么是热输入？热输入公式是什么？

3．试绘图表示平角焊缝各部位的名称。

4．平角焊的接头形式有哪些？

5．不同厚度的焊件平角焊时，焊条角度应如何变化？

6. 平角焊常用哪几种运条方法？在操作中应如何运用？

7. 平角焊和船形焊的操作有什么不同之处？

五、计算题

1. 焊条电弧焊时，选用直流电源，采用 E5015 型焊条，焊条直径为 4 mm，焊接电流为 200 A，电弧电压为 25 V，焊接速度为 12 mm/min。试计算焊接时的热输入。

2. 采用埋弧自动焊时，焊接电流为 600 A，电弧电压为 36 V，焊接速度为 32 m/h。求此时的焊接热输入。

六、技能训练题

将平角焊的技能训练内容按表 3–4 所列项目进行填写。焊件图参见教材第三单元课题 3。

表 3–4　平角焊操作

操作步骤及要点				
焊接参数＼训练次数	第一个焊件	第二个焊件	第三个焊件	第四个焊件
焊条型号及直径（mm）				
定位焊位置及点数				
焊接电流（A）				
电弧电压（电弧长度）（V）				
一根焊条熔焊长度（mm）				
焊接层数及道数				
运条方法				
焊条角度（°）				
焊脚尺寸（mm）				
焊后质量检验				
技能训练体会				

课题 4　平对接焊操作

一、填空题（将正确答案填在横线上）

1. 焊接前，应根据焊件的要求确定____________，接着再选用____________。

2. 如果使用酸性焊条，可选用____________弧焊电源；如果使用碱性焊条，则必须选用____________弧焊电源。

3. 焊接电源的极性有________性和________性两种。

4. 使用酸性焊条时，利用电源的不同极性来焊接不同要求的焊件。常用直流________性焊接较厚的钢板，以获得较大的________；采用____________性焊接薄钢板，可以防止________。

5. 使用碱性低氢钠型焊条时，无论焊件薄与厚，均应采用____________，这样可以减少____________及减小____________，并使____________稳定燃烧。

6. 使用 E5015 型焊条时，无论焊件薄与厚，均应采用直流________接。

7. 电弧不稳定除受焊工操作技术熟练程度影响外，还与__________________________、______________、_______________________等因素有关。

8. 在焊条药皮或焊剂中加入易电离的物质，可以提高气体的________性，从而提高电弧燃烧的________性。

9. 由于 V 形坡口具有不对称性，只在一侧焊接，钢板会向上翘起产生________。

10. V 形坡口的钢板对接装配时，常采用________法来预防焊后的________变形，要求其控制在________以内。

11. 单面焊双面成形的焊件进行打底层焊接时，焊接方式主要有__________________和________两种。

12. 某焊件为两根 40 mm × 40 mm × 3 mm 的角钢，将其两端对接，应采用__________形接头。

13. 两块板厚为 14 mm 的钢板对接，为了既保证焊透又便于加工，应采用________形接头；若使其焊后变形最小，应采用________形接头。

14. 当接口间隙很大而无法一次焊成时，可采用______________________完成打底层的焊接。

15. 如果采取________法一般应采用较小的根部间隙、合适的焊接电流及与电流相适宜的焊接速度，加上熟练的运条动作，就可以获得均匀的背面焊缝。

16. V 形坡口平对接焊时，每层焊道的厚度应控制在______________mm，各层之间的焊接方向应____________，其接头相互____________30 mm，同时要控制层间温度，最好不超过________℃，以保证焊接接头的各项力学性能指标。

17. V 形坡口对接平焊第一层焊接时，重力作用下的熔化金属受到电弧吹力，容易使焊道背面产生________、________等缺陷。

二、判断题（正确的打“√”，错误的打“×”）

1．焊条电弧焊时，若阳极和阴极的材料相同，阳极区的温度低于阴极区。（ ）
2．使用 E5015 型焊条，无论焊件薄与厚，均应采用直流正接。（ ）
3．使用碱性焊条时采用直流反接，可以减少飞溅现象，并使电弧稳定燃烧。（ ）
4．采用直流电源焊接时电弧燃烧比采用交流电源时稳定。（ ）
5．焊接电流越大，电弧燃烧越稳定。（ ）
6．由于定位焊只起装配和固定焊件的作用，因此可以选用质量较差的焊条。（ ）
7．开坡口要求焊缝双面成形，打底焊焊条直径最好不超过 3.2 mm。（ ）
8．焊接厚钢板时应采用直流反接，焊接薄钢板时应采用直流正接。（ ）
9．单面焊双面成形的焊件背面焊缝是否符合质量要求，关键在于打底层的焊接。（ ）
10．正常焊接时，电弧的轴线总是垂直于焊件表面。（ ）
11．为了便于操作和保证背面焊道的质量，打底层焊接时应使用较小的焊接电流。（ ）
12．焊条电弧焊运条时应尽可能保持电弧长度不变。（ ）
13．采用碱性焊条时应该用短弧焊接。（ ）
14．不开坡口的对接平焊采用锯齿形运条法最合适。（ ）
15．填充层焊道应略向下凹，有利于盖面层的焊接。（ ）
16．焊接填充层前应对前一层焊缝仔细清渣，特别是死角处更要清理干净。（ ）
17．焊接填充层最后一层的焊缝高度应低于母材 2 ~ 3 mm，可以熔化坡口两侧的棱边。（ ）
18．凡是低氢型焊条，都必须采用直流弧焊电源。（ ）
19．电弧的稳定燃烧是保证焊接质量的一个重要因素。（ ）
20．酸性焊条在焊接前不允许烘干。（ ）
21．交直流两用的焊条都是酸性焊条。（ ）
22．定位焊时不要在焊件上随意引弧。（ ）
23．灭弧法大多采用酸性焊条，是目前常用的一种打底层焊接方法。（ ）
24．连弧焊法通过有节奏地燃弧→熔焊→熄弧来获得焊缝背面成形。（ ）
25．定位焊缝一般要形成最终焊缝金属，因此选用的焊条应与正式焊接所用的焊条相同。（ ）
26．定位焊时电流应比正式焊时小 10% ~ 15%。（ ）
27．定位焊缝有裂纹、未焊透等缺陷不必铲除，熔焊时可以熔化掉。（ ）
28．打底层的焊接质量主要取决于熔孔的大小和间距。（ ）

三、选择题（将正确答案的代号填入括号内）

1．具有（ ）的焊接电源不仅引弧容易，而且电弧燃烧也稳定。

A．较大焊接电流　　B．较高空载电压　　C．较高电弧电压

2．如果焊条药皮或焊剂中含有（ ），由于其较难电离，会使电弧燃烧不稳定。

A. 氟化物　　B. 氧化物　　C. 碳化物

3. 焊接接头根部预留间隙的作用是（　　）。

A. 防止烧穿　　B. 保证焊透　　C. 减小应力

4. 为了减少焊件变形，应该选择（　　）坡口；为了使坡口面便于加工，应该选择（　　）坡口。

A. V 形　　B. X 形　　C. U 形

5. 若焊件厚度为 16 mm，采用焊条电弧焊时，既要保证焊接质量，又要便于坡口加工且焊后变形要小，应选用（　　）坡口。

A. V 形　　B. U 形　　C. X 形

6. 当对接接头焊件的板厚超过（　　）mm 时，焊条电弧焊应开坡口。

A. 2　　B. 6　　C. 10

7. 容易获得良好焊缝成形的焊接位置是（　　）位置。

A. 平焊　　B. 立焊　　C. 横焊

8. V 形坡口对接焊件焊后角变形应（　　）3°。

A. 小于等于　　B. 小于　　C. 大于

9. 连弧焊法一般应采用（　　），并通过熟练的运条动作，获得均匀的背面焊缝。

A. 较小的根部间隙

B. 合适的焊接电流

C. 适宜的焊接速度

D. 根部间隙、焊接电流和焊接速度三者配合

10. 进行平位单面焊双面成形的盖面焊时，采用（　　）运条法。

A. 直线形　　B. 直线往复形　　C. 锯齿形

11. 连弧法是在焊接过程中，电弧始终燃烧并（　　）摆动，使熔滴均匀地过渡到熔池中，达到良好的背面焊缝成形。

A. 有规则地　　B. 无规则地　　C. 做直线形

12. 平位单面焊双面成形焊道背面余高以（　　）mm 为宜。

A. 0.5 ~ 1　　B. 2 ~ 3　　C. 3 ~ 4

13. 平位单面焊双面成形的焊缝接头时，应在熔池的（　　）处引燃电弧。

A. 弧坑　　B. 前方 10 mm　　C. 后方 10 mm

四、问答题

1. 什么是焊接电源的正极性和反极性？应如何选用？

2．定位焊时有哪些要求？

3．打底焊有哪些方法？简述其具体操作过程。

4．焊接时，若液态金属和熔渣混淆在一起应怎样解决？

5．操作过程中，焊接电流过大或过小容易产生哪些缺陷？

6. 如果将 I 形坡口对接焊件置于下坡焊，其焊缝成形与水平放置时有什么不同?

7. 定位焊时为什么要使始焊端根部间隙小于终焊端的间隙?

8. V 形坡口单面焊出现的角变形向焊缝哪面翘起? 简述其翘起的原因。

9. 简述 V 形坡口平对接单面焊双面成形的装配定位及操作过程。

五、技能训练题

1. 将I形坡口平对接双面焊的技能训练内容按表3–5所列项目进行填写。焊件图参见教材第三单元课题4。

表3–5　　I形坡口平对接双面焊操作

<table>
<tr><td colspan="2">操作步骤及要点</td><td colspan="4"></td></tr>
<tr><td colspan="2">训练次数
焊接参数</td><td>第一个焊件</td><td>第二个焊件</td><td>第三个焊件</td><td>第四个焊件</td></tr>
<tr><td colspan="2">定位焊位置
及点数</td><td></td><td></td><td></td><td></td></tr>
<tr><td colspan="2">钝边高度（mm）</td><td></td><td></td><td></td><td></td></tr>
<tr><td colspan="2">根部间隙（mm）</td><td></td><td></td><td></td><td></td></tr>
<tr><td rowspan="2">焊接电流
（A）</td><td>正面</td><td></td><td></td><td></td><td></td></tr>
<tr><td>背面</td><td></td><td></td><td></td><td></td></tr>
<tr><td colspan="2">电弧电压
（电弧长度）（V）</td><td></td><td></td><td></td><td></td></tr>
<tr><td colspan="2">一根焊条熔焊长度
（mm）</td><td></td><td></td><td></td><td></td></tr>
<tr><td colspan="2">焊条型号及直径
（mm）</td><td></td><td></td><td></td><td></td></tr>
<tr><td rowspan="2">运条方法</td><td>正面</td><td></td><td></td><td></td><td></td></tr>
<tr><td>背面</td><td></td><td></td><td></td><td></td></tr>
<tr><td colspan="2">焊条角度（°）</td><td></td><td></td><td></td><td></td></tr>
<tr><td colspan="2">反变形量（°）</td><td></td><td></td><td></td><td></td></tr>
<tr><td colspan="2">焊脚尺寸（mm）</td><td></td><td></td><td></td><td></td></tr>
<tr><td colspan="2">焊后质量检验</td><td></td><td></td><td></td><td></td></tr>
<tr><td colspan="2">技能训练体会</td><td colspan="4"></td></tr>
</table>

2. 将 V 形坡口平对接单面焊双面成形的技能训练内容按表 3–6 所列项目进行填写。焊件图参见教材第三单元课题 4。

表 3–6　V 形坡口平对接单面焊双面成形操作

训练次数 \ 焊接参数		第一个焊件	第二个焊件	第三个焊件	第四个焊件
操作步骤及要点					
定位焊位置及点数					
钝边高度（mm）					
根部间隙（mm）					
焊接电流（A）	打底焊				
	填充焊				
	盖面焊				
电弧电压（电弧长度）（V）					
一根焊条熔焊长度（mm）					
焊条型号及直径（mm）					
运条方法	打底焊				
	填充焊				
	盖面焊				
焊条角度（°）					
反变形量（°）					
焊脚尺寸（mm）					
焊后质量检验					
技能训练体会					

课题 5　立角焊操作

一、填空题（将正确答案填在横线上）

1．电弧偏吹会使电弧燃烧________，飞溅___________，熔滴下落时失去保护，容易产生________，还会因熔滴落点的________而无法正常焊接，直接影响焊缝成形。

2．使用________弧焊机才会产生电弧磁偏吹，焊接电流越___________，磁偏吹现象越严重。

3．连接焊件的地线位置不正确，电弧会向磁感线________的一侧偏吹。

4．电弧燃烧时，若焊条药皮厚薄不均匀，会向药皮________的一侧产生电弧偏吹。

5．在立焊过程中应始终控制熔池形状为________形或________形，保持熔池外形下部边缘________，熔池宽度________、厚度________，从而获得良好的焊缝成形。

6．握焊钳的方法有________和________两种。一般当焊接部位距地面较近使焊钳难以摆正或仰焊时采用________。

7．立角焊时，常用的运条方法有__________、_________________、_______________和______________________等。为避免出现咬边等缺陷，除选用合适的焊接电流外，焊条在焊缝中间运条应________，两侧____________。

8．短弧既可以控制________过渡准确到位，又可避免因电弧________过高造成熔池温度升高而难以控制熔化过程。

9．立角焊电弧的热量向焊件三个方向传递，散热_________________，因此焊接电流可稍_______些，以保证焊缝两侧熔合良好。

10．立角焊时，焊缝处于两板的夹角处，熔池散热比对接立焊________，则焊接电流应比对接立焊稍________些。

11．立角焊是指____________焊件接口处于立焊位置时的焊接操作。

12．立角焊时，采用____方法来控制熔池形状。

13．板厚相同立角焊时，焊条与两侧板的夹角为________；而板厚不同的立角焊，其焊条角度应_____________________________。

14．板厚 10 mm、22 mm 的立角焊，分别采用_________层_________道和_________层_________道，分别采用直径为________mm、________mm 的焊条，并且分别采取____________、___________运条方法。

15．T 形接头放置在立焊位置称为立角焊，搭接接头放置在立焊位置称为________焊。

二、判断题（正确的打“√”，错误的打“×”）

1．电弧偏吹是由于焊条药皮偏心引起的。（　　）

2．焊接电弧磁偏吹的方向与连接焊件的地线位置有关。（　　）

3．增大焊接电流可以有效地减少磁偏吹。（　　）

4. 使用交流弧焊机不会产生明显的磁偏吹现象。 (　　)

5. 如果电弧附近有铁磁物质，电弧将偏向铁磁物质一侧。 (　　)

6. 立角焊是指 T 形接头焊件接口处于立焊位置时的焊接操作。 (　　)

7. 反握法是常用的握焊钳方法。 (　　)

8. 当立角焊熔池下边缘凸起变圆时，要加快焊条摆动节奏，在焊缝两侧停留时间多一些，使熔池下边缘平直，可获得良好的焊缝成形。 (　　)

9. 当熔池温度过高时，熔池的外形轮廓会变圆，甚至一侧凸起出现液态金属下淌而形成焊瘤。 (　　)

10. 立焊操作时，发现椭圆形熔池下边缘凸起时，表示熔池温度已稍高或过高，应立即灭弧，降低熔池温度，以免产生焊瘤。 (　　)

11. 由于碱性焊条抗裂性好，采用碱性焊条焊接时，不必清理坡口及两侧的铁锈、水分、油污等。 (　　)

12. 立角焊操作时，保持小的熔池体积，可加快熔池冷却，避免熔化金属下淌的现象。 (　　)

13. 短弧焊既可以控制熔滴过渡准确到位，又可避免因电弧电压过低而使熔池温度升高。 (　　)

14. 立角焊时，如果要求焊缝表面呈圆弧状并与焊件圆滑过渡，应采用月牙形运条法。 (　　)

15. 立角焊时，控制熔池形状是获得良好的焊缝形状的关键。 (　　)

16. 立角焊一般均采用多层焊，其层数应根据焊件的厚度或图样给定的焊脚尺寸来确定。 (　　)

三、选择题（将正确答案的代号填入括号内）

1. 在焊接过程中，因焊条偏心、气流干扰和磁场的作用，常会使焊接电弧的中心偏离焊条轴线，这种现象称为（　　）。

A. 电弧偏吹　　B. 电弧吹力

C. 气流作用

2. 焊接操作中减少电弧偏吹的方法是（　　）。

A. 改变运条方法　　B. 调节焊条角度

C. 增大焊接电流

3. 焊条偏心引起的偏吹是焊条制造中的质量问题。在施焊前如发现焊条偏心，应（　　）。

A. 将焊接电流调小些　　B. 改变地线接法

C. 更换焊条

4. 气流的干扰是作业环境的影响，在狭小通道内或大风天气进行焊接作业时，可采取（　　）的措施。

A. 遮挡大风或穿堂风　　B. 改变焊条角度

C. 更换焊条

5. 要得到平整的焊缝表面，可采用（　　）运条法。

A. 锯齿形　　B. 月牙形　　C. 三角形

6．良好的熔池形状是（　　）。

A．熔池下边缘凸起　　　　　　　B．扁圆形和椭圆形

C．三角形

7．厚板立角焊的表面焊道一般多采用（　　）运条法。

A．直线形　　　　B．锯齿形　　　　C．圆圈形

8．焊条电弧焊在焊接同样厚度的T形接头时，焊条直径应比对接接头用的直径（　　）。

A．小些　　　　B．大些　　　　C．一样大

四、问答题

1．磁偏吹的原因主要有哪些？

2．立焊是一种较难掌握的操作方法，简述其操作要求。

3．焊脚尺寸较小及较大的立角焊焊条摆动有什么不同？

五、技能训练题

将立角焊的技能训练内容按表 3–7 所列项目进行填写。焊件图参见教材第三单元课题 5。

表 3–7　　　　立角焊操作

操作步骤及要点				
训练次数 焊接参数	第一个焊件	第二个焊件	第三个焊件	第四个焊件
定位焊位置 及点数				
焊接电流（A）				
电弧电压 （电弧长度）（V）				
一根焊条熔焊长度 （mm）				
焊条型号及直径 （mm）				
运条方法				
焊条角度（°）				
反变形量（°）				
焊脚尺寸（mm）				
焊后质量检验				
技能训练体会				

课题6　立对接焊操作

一、填空题（将正确答案填在横线上）

1. 当薄板对接或焊接间隙较大的薄件时，可由上向下施焊。这种焊法________浅，薄件不易________，有利于焊缝成形。

2. 立焊操作时，身体略偏向________侧，以便于握焊钳的右手操作。

3. 立焊有由________施焊和由________施焊两种操作方法。

4. 焊件接头、起头时应采用________进行焊接。

5. 施焊第二层（盖面层）焊缝时，一般采用的运条方法有________________运条法和________运条法。

6. 为控制熔池温度，避免熔池金属下淌，常采用________法和________法。

7. 立焊时，一般在焊件根部间隙不大，而且不要求背面焊缝成形的第一层焊道采用________法。

8. 立焊时，一般在I形坡口装配间隙偏大的第一层焊道和立对接单面焊双面成形的打底焊时采用________法。

9. 立对接焊的运条方法选定后，焊接时要合理地运用焊条的摆动________________、摆动__________，以控制焊条上移的__________，掌握熔池__________和__________的变化。

10. V形坡口立对接焊时，填充焊的最后一层焊道应低于焊件表面_________mm，露出坡口边缘，为盖面焊打好基础。

11. 立对接焊的盖面层焊接可根据焊缝余高的要求来选择运条方法，如果要求余高稍平些，可选用______________运条法；如果要求余高稍凸些，可采用______________运条法。

12. 立对接盖面层施焊时，焊接电弧要________些，焊条摆动频率稍________些，向上运条时的间距应力求________。

二、判断题（正确的打“√”，错误的打“×”）

1. 立对接焊时，在运条方法选定后，合理地运用焊条的摆动频率可以增大焊缝的宽度。（　　）

2. 立对接打底焊时，焊缝背面如果焊透度不够，可将熔孔击穿略大一些，同时适当增加熔焊时间。（　　）

3. 立对接焊时，填充层焊道焊接质量不会影响盖面焊缝的成形。（　　）

4. 为了控制焊缝表面的成形，防止熔池外形凸起而产生焊瘤，运条时在焊缝中间稍快，而在两侧稍作停顿。（　　）

5. 焊条电弧焊V形坡口的坡口角度一般为30°。（　　）

6. 电弧焊时焊接能源是电弧。（　　）

7. 焊接电流大，电弧电压高时，电弧的有效功率就变小。（ ）

8. 焊件受热程度受焊接速度的影响，加大焊接速度，焊件受热程度增加。（ ）

三、选择题（将正确答案的代号填入括号内）

1. 打底焊时，填入的熔敷金属量应尽可能________些，使焊道________些，以利于背面焊缝成形。（ ）

A. 少；厚　　B. 多；厚　　C. 少；薄

2. 板立对接单面焊双面成形的打底焊时，常采用的操作手法是（ ）。

A. 灭弧法　　B. 直线形运条法

C. 锯齿形运条法

3. 立对接焊时，热输入对（ ）焊接接头性能的影响不大。

A. 低碳钢　　B. 低合金钢

C. 不锈钢

四、问答题

1. 简述立焊挑弧法和灭弧法的操作要领及各自的适用范围。

2. 板立对接打底焊的操作要点有哪些？

3．运条方法选定后，焊接时要合理地运用哪些方法来保证焊缝成形？

4．V形坡口立对接单面焊双面成形打底焊接头时，长弧预热的目的是什么？怎样进行操作？

5．立对接焊时焊条摆动频率为什么影响焊缝外观成形？应怎样操作？

五、技能训练题

将V形坡口板立对接单面焊双面成形的技能训练内容按表3-8所列项目进行填写。焊件图参见教材第三单元课题6。

表 3-8　　**V 形坡口板立对接单面焊双面成形操作**

操作步骤及要点				
训练次数 焊接参数	第一个焊件	第二个焊件	第三个焊件	第四个焊件
定位焊位置及点数				
钝边高度（mm）				
根部间隙（mm）				
焊接电流（A）				
电弧电压（电弧长度）(V)				
一根焊条熔焊长度（mm）				
焊条型号及直径（mm）				
运条方法				
焊条角度（°）				
反变形量（°）				
焊脚尺寸（mm）				
焊后质量检验				
技能训练体会				

课题7　横对接焊操作

一、填空题（将正确答案填在横线上）

1．横对接焊时，熔化金属在自重的作用下容易下淌，并且在焊缝上侧易出现________，下侧易出现________而造成的未熔合和焊瘤等缺陷。

2．当焊件厚度小于________mm时，一般不开坡口，采取双面焊接。

3．横对接焊时的坡口特点是下面的焊件________坡口或坡口角度________上面的焊件，这样有助于避免熔化金属下淌，利于焊缝成形。

4．横对接焊的盖面焊采用多道焊，上、下边缘的焊道施焊时，运条应________些，焊道应尽可能________一些，有利于盖面层焊缝与母材圆滑过渡。

5．如果横对接焊的焊件较厚、焊缝较宽时，盖面层焊缝除采用多道焊外，也可以采用________________运条法焊接，一次表面成形。

6．板横对接焊是指对接接头的焊件处于________位置而接口为______________位置的焊接操作。

7．根据钢板的厚度不同，板对接横焊分为____________________、_________________或_________________。

8．盖面焊称为修饰焊缝，可采取________或____________运条法。

9．横对接盖面焊多用________或________运条法，也可采用________运条法。

10．背面封底焊时，可调节稍大一些的____________，稍慢些的____________，以达到一定的熔透深度，与正面焊缝良好熔合。

11．当横对接焊的焊件较厚时，一般采用________坡口、________坡口和__________坡口形式。

12．打底焊灭弧时，焊条向________快速动作，要干净利落。

13．焊接打底层时要求下坡口面击穿的熔孔始终比上坡口面熔孔超前________个熔孔直径，这样有利于减少熔池金属下坠。

14．质量较好的填充焊要保证填充量________焊件表面________ mm，以有助于盖面层焊接。

15．盖面层焊接采用多道焊，上、下边缘焊道施焊时，运条应________些，焊道尽可能________一些，这样有利于盖面焊缝与母材圆滑过渡。

16．如果焊件较厚、焊缝较宽时，盖面层焊缝也可以采用________形运条法焊接。

二、判断题（正确的打“√”，错误的打“×”）

1．横对接焊操作中，要时刻观察熔池温度的变化。若温度偏高，熔池有下淌趋向时，要适时运用灭弧法来调节。（　　）

2．横对接焊的盖面层采用多道焊时，每条焊道焊后要马上敲渣，防止出现夹渣等缺陷。（　　）

3．横对接焊多层多道焊时，焊条角度不必改变，只要保持各焊道之间的搭接量，采用匀速、直线形运条，就可获得较好的焊缝。（ ）

4．在生产中，应尽量采用先总装后焊接的方法来提高结构的刚度，以控制焊接变形。（ ）

5．横对接焊时，熔滴和熔渣受重力作用下淌至坡口面上，容易形成未熔合和层间夹渣，并且会出现焊缝上侧咬边、下侧金属下坠和焊瘤等缺陷。（ ）

6．横对接焊的填充焊可采用灭弧焊法。（ ）

7．进行横对接焊前，应将焊件垂直固定在焊接支架上，保证接口呈水平位置，焊工视线与坡口上边缘齐平。（ ）

8．横对接打底焊时，要保持大小一致的熔孔。抬、落电弧时要观察熔池颜色。当熔池颜色由亮变暗时，应迅速而准确地落弧熔焊。（ ）

9．填充层焊完后，若焊道有凸凹处应予以补平，以便为盖面焊打好基础。（ ）

10．焊接最下面的盖面焊道时，注意观察熔池的下边缘，只要熔化了坡口棱边就向前运条，以保证焊道与焊件下表面形成圆滑过渡的焊缝。（ ）

三、选择题（将正确答案的代号填入括号内）

1．横对接打底焊时，为减少熔池金属下坠，避免出现熔合不良的缺陷，要求下坡口面击穿的熔孔始终比上坡口面熔孔超前（ ）个熔孔直径。

A．0．5～1　　B．1～2　　C．2～3

2．横对接焊时，填充焊应平整、无夹渣，而且填充量要（ ）焊件表面 0.5～1 mm，以有利于盖面层焊接。

A．稍低于　　B．稍高于　　C．平齐于

3．横对接焊焊接盖面层焊缝时，由于（ ），一般应采用大斜圆圈形运条法一次成形。

A．焊缝较宽、焊件较薄　　B．焊缝较宽、焊件较厚

C．焊缝较窄、焊件较厚

四、问答题

1．横对接焊时容易出现哪些缺陷？应如何防止？

2．横对接焊焊件开坡口有什么特点？

3．简述I形坡口横对接焊时的操作要领。

4．板对接横焊单面焊双面成形在更换焊条熄弧前后应怎样操作？

5．横对接焊的盖面层多道焊过程中不敲渣的目的是什么？

6．横对接焊的盖面焊选择斜圆圈形运条时，其操作要领是什么？

7．V形坡口横对接单面焊双面成形打底焊和盖面焊的操作有什么特点？

五、技能训练题

1. 将I形坡口横对接焊的技能训练内容按表3–9所列项目进行填写。焊件图参见教材第三单元课题7。

表3–9　　I形坡口横对接焊操作

<table>
<tr><td colspan="2">操作步骤及要点</td><td colspan="4"></td></tr>
<tr><td colspan="2">训练次数
焊接参数</td><td>第一个焊件</td><td>第二个焊件</td><td>第三个焊件</td><td>第四个焊件</td></tr>
<tr><td colspan="2">定位焊位置及点数</td><td></td><td></td><td></td><td></td></tr>
<tr><td colspan="2">钝边高度（mm）</td><td></td><td></td><td></td><td></td></tr>
<tr><td colspan="2">根部间隙（mm）</td><td></td><td></td><td></td><td></td></tr>
<tr><td rowspan="3">焊接电流（A）</td><td>打底焊</td><td></td><td></td><td></td><td></td></tr>
<tr><td>填充焊</td><td></td><td></td><td></td><td></td></tr>
<tr><td>盖面焊</td><td></td><td></td><td></td><td></td></tr>
<tr><td colspan="2">电弧电压（电弧长度）（V）</td><td></td><td></td><td></td><td></td></tr>
<tr><td colspan="2">一根焊条熔焊长度（mm）</td><td></td><td></td><td></td><td></td></tr>
<tr><td colspan="2">焊条型号及直径（mm）</td><td></td><td></td><td></td><td></td></tr>
<tr><td rowspan="3">运条方法</td><td>打底焊</td><td></td><td></td><td></td><td></td></tr>
<tr><td>填充焊</td><td></td><td></td><td></td><td></td></tr>
<tr><td>盖面焊</td><td></td><td></td><td></td><td></td></tr>
<tr><td colspan="2">焊条角度（°）</td><td></td><td></td><td></td><td></td></tr>
<tr><td colspan="2">反变形量（°）</td><td></td><td></td><td></td><td></td></tr>
<tr><td colspan="2">焊脚尺寸（mm）</td><td></td><td></td><td></td><td></td></tr>
<tr><td colspan="2">焊后质量检验</td><td></td><td></td><td></td><td></td></tr>
<tr><td colspan="2">技能训练体会</td><td colspan="4"></td></tr>
</table>

2. 将 V 形坡口横对接单面焊双面成形的技能训练内容按表 3–10 所列项目进行填写。焊件图参见教材第三单元课题 7。

表 3–10　　V 形坡口横对接单面焊双面成形操作

<table>
<tr><td colspan="2">操作步骤及要点</td><td colspan="4"></td></tr>
<tr><td colspan="2">训练次数
焊接参数</td><td>第一个焊件</td><td>第二个焊件</td><td>第三个焊件</td><td>第四个焊件</td></tr>
<tr><td colspan="2">定位焊位置
及点数</td><td></td><td></td><td></td><td></td></tr>
<tr><td colspan="2">钝边高度（mm）</td><td></td><td></td><td></td><td></td></tr>
<tr><td colspan="2">根部间隙（mm）</td><td></td><td></td><td></td><td></td></tr>
<tr><td rowspan="3">焊接
电流
（A）</td><td>打底焊</td><td></td><td></td><td></td><td></td></tr>
<tr><td>填充焊</td><td></td><td></td><td></td><td></td></tr>
<tr><td>盖面焊</td><td></td><td></td><td></td><td></td></tr>
<tr><td colspan="2">电弧电压
（电弧长度）（V）</td><td></td><td></td><td></td><td></td></tr>
<tr><td colspan="2">一根焊条熔焊长度
（mm）</td><td></td><td></td><td></td><td></td></tr>
<tr><td colspan="2">焊条型号及直径
（mm）</td><td></td><td></td><td></td><td></td></tr>
<tr><td rowspan="3">运条
方法</td><td>打底焊</td><td></td><td></td><td></td><td></td></tr>
<tr><td>填充焊</td><td></td><td></td><td></td><td></td></tr>
<tr><td>盖面焊</td><td></td><td></td><td></td><td></td></tr>
<tr><td colspan="2">焊条角度（°）</td><td></td><td></td><td></td><td></td></tr>
<tr><td colspan="2">反变形量（°）</td><td></td><td></td><td></td><td></td></tr>
<tr><td colspan="2">焊脚尺寸（mm）</td><td></td><td></td><td></td><td></td></tr>
<tr><td colspan="2">焊后质量检验</td><td></td><td></td><td></td><td></td></tr>
<tr><td colspan="2">技能训练体会</td><td colspan="4"></td></tr>
</table>

课题8　仰 焊 操 作

一、填空题（将正确答案填在横线上）

1．仰焊过程必须采取____________弧焊接，熔池体积尽可能____________，焊道成形应该____________。

2．V形坡口仰对接填充焊时，为防止形成凸形焊道，采用锯齿形或月牙形运条法，运条到焊道两侧一定要____________，中间摆动要____________。

3．为了抵消焊接变形，焊前先将焊件向与焊接变形相反的方向进行人为的变形，这种方法叫作____________。

4．仰焊过程中，采用________弧施焊，利用电弧________把熔化金属托住，并将部分________送到焊件背面。

5．仰角焊时，根据焊件厚度不同，可采用__________焊或__________焊。

6．开坡口仰对接焊可采用__________焊或__________焊。

7．仰焊第一层焊道时，若熔池温度过高，可适当做__________________动作。焊接时，由________运条，移动速度尽可能快一些，熔池应小一些，焊道应________一些，以防止熔池金属下淌。

8．填充层焊完后，其表面应距焊件表面__________mm左右，保证坡口的__________不被熔化，以便盖面焊时控制焊缝的平直度。

9．仰焊盖面层时可采用__________运条法，电弧要__________，焊道要__________。注意焊道两侧的熔合情况，防止咬边。

10．仰焊盖面层时焊条在坡口__________停留时间稍________________一些，必要时做__________动作，以保证焊缝成形均匀、平整。

二、判断题（正确的打“√”，错误的打“×”）

1．仰焊是各种焊接位置中操作难度最大的。（　　）

2．仰焊时焊缝背面易产生凹陷，正面易出现焊瘤，焊缝成形应该薄且平。（　　）

3．仰角焊时焊件容易产生角变形，若采取对称焊接，则效果较好。（　　）

4．仰焊时常正握焊钳进行操作，以避免熔滴下落烧伤手臂。（　　）

三、选择题（将正确答案的代号填入括号内）

1．焊脚尺寸为6～8 mm的仰角焊，可采用（　　）运条法一次焊完。

A．直线往复　　B．斜圆圈形　　C．锯齿形

2．仰焊较厚的焊件时为了提高焊接效率，可以选用直径为（　　）mm的焊条。

A．3.2　　B．4　　C．5

3．仰焊时为了防止熔池金属下淌，焊接过程中要求（　　）。

A．熔池应小一些，焊道薄一些

B．熔池应大一些，焊道厚一些

C．焊条要做较大的横向摆动

4．仰焊时，阻碍熔滴过渡的力为（　　）。

A．重力　　B．表面张力

C．电磁力

5．仰焊时，促使熔滴过渡的作用力有（　　）。

A．重力　　B．表面张力

C．电磁力

四、问答题

1．简述仰焊操作的姿势。

2．简述仰角焊操作要领。

3．简述V形坡口仰对接焊的操作要领。

五、技能训练题

1. 将仰角焊的技能训练内容按表 3–11 所列项目进行填写。焊件图参见教材第三单元课题 8。

表 3–11　　仰角焊操作

操作步骤及要点				
训练次数 焊接参数	第一个焊件	第二个焊件	第三个焊件	第四个焊件
定位焊位置 及点数				
钝边高度（mm）				
根部间隙（mm）				
焊接电流（A）				
电弧电压 （电弧长度）（V）				
一根焊条熔焊长度 （mm）				
焊条型号及直径 （mm）				
运条方法				
焊条角度（°）				
焊后质量检验				
技能训练体会				

2. 将V形坡口仰对接焊的技能训练内容按表3–12所列项目进行填写。焊件图参见教材第三单元课题8。

表3–12 **V形坡口仰对接焊操作**

操作步骤及要点				
训练次数 焊接参数	第一个焊件	第二个焊件	第三个焊件	第四个焊件
定位焊位置及点数				
钝边高度（mm）				
根部间隙（mm）				
焊接电流（A）				
电弧电压（电弧长度）（V）				
一根焊条熔焊长度（mm）				
焊条型号及直径（mm）				
运条方法				
焊条角度（°）				
焊后质量检验				
技能训练体会				

课题9 固定管焊操作

一、填空题（将正确答案填在横线上）

1．水平固定管的焊接要经过________焊、________焊、________________焊三种位置，又称全位置焊。

2．水平固定管的焊缝是环形的，焊接过程中要随着焊缝空间位置的变化而相应调整____________，才能保证正常操作，因此操作有一定难度。

3．水平固定管的焊接常从管子_____________位开始，分两半部分焊接。两半部分都按________________位→______________位→_________________位的顺序进行，有利于控制____________与________，便于焊缝成形。

4．水平固定管的单面焊双面成形打底焊时，可采用________焊法。盖面焊时，为使焊缝中间稍凸起一些，并与母材圆滑过渡，可采用________形运条法。运条至焊缝两侧要稍作________，尽量保持焊缝宽窄________，波纹________。

5．垂直固定管的焊接位置为横焊。它与板横对接焊的不同之处是焊工在焊接过程中要不断地随着管子的弯曲______________________并调整_________________________，给操作带来难度。

6．为控制___________温度及保证___________外形，垂直固定管的打底焊应采用短弧________击穿焊接。

7．垂直固定管的打底焊时，要把握住三个要领：________________，________________，____________。

8．定位焊除在管子坡口根部直接进行外，还可以在管外壁装配_______________临时定位。

9．垂直固定管焊的盖面层运用________运条法。

10．垂直固定管焊采用灭弧焊法进行打底焊时，灭弧动作是向________做划挑动作。

11．管子装配时，除了要清理坡口表面、修锉钝边外，还应该考虑____，____。

12．垂直固定管打底焊要控制熔孔，一般上坡口钝边熔化____________mm，下坡口钝边熔化略__________。

13．斜45°固定管焊接是介于_________________和__________________之间的一种焊接操作。

14．斜45°固定管焊接时，施焊处始终在管子的________位置，因而__________了操作难度。

15．在斜45°固定管对接焊接过程中，由于始焊时焊件温度较低，正下方焊接成形________，最______________出现焊接缺陷。

二、判断题（正确的打“√”，错误的打“×”）

1．水平固定管焊接前装配定位时，应使管子平位的根部间隙比仰位大 0.5 ~ 2.0 mm，以作为焊接时焊缝的收缩量。（　　）

2．水平固定管打底焊时，仰位焊接电流不宜过小，宜用点射法建立第一个熔池，避免连续焊，可防止夹渣和未焊透。（　　）

3．垂直固定管盖面层焊道间的渣壳要待整体焊完后一并清除。（　　）

4．垂直固定管焊与板横对接焊均为横焊位置，两者的操作要领没有明显的区别。（　　）

5．管子 V 形坡口常采用机械加工或氧乙炔焰切割。（　　）

6．为了保证焊透，操作方便，运条便利，管子焊接时 X 形坡口应用最多。（　　）

7．管子装配时均定位焊三处。（　　）

8．管子装配时，将管子放在 V 形角钢槽内，可保证管子同轴，内、外壁齐平。（　　）

9．垂直固定管单面焊双面成形技术的关键在于填充焊缝的操作。（　　）

10．垂直固定管的焊接与板横对接焊的不同之处：焊工要随管子的弯曲不断地调整焊条角度，并且身体要做相应的移动。（　　）

11．垂直固定管焊应将管子垂直固定在工作台上，使接口处于焊工胸前的位置。（　　）

12．小直径管的焊接一般均采用单面焊。（　　）

13．斜 45°固定管焊接容易在管的上接头和下接头处出现宽窄超差、高低超差、咬边等缺陷。（　　）

三、选择题（将正确答案的代号填入括号内）

1．管径为 60 mm 的水平固定管定位焊缝的数量和位置应为（　　）。

A．定位焊一处，在后半部的焊口斜平位置上

B．定位焊两处，在平位和后半部的立位位置上

C．定位焊三处，在前、后半部立位和平位上

2．垂直固定管盖面焊时，焊道间渣壳要（　　）清除。

A．待焊接结束后　　B．在焊完每条焊道后

C．在焊完每根焊条时

3．垂直固定管打底焊时，熔池形状为大小均匀的（　　）外形。

A．圆形　　B．扁圆形　　C．斜椭圆形

4．在管道焊接中，由于大部分管子管径较小，焊工无法进入管道内操作，只能采用（　　）焊。

A．单面　　B．双面　　C．三面

5．斜 45°固定管盖面焊用（　　）运条法进行焊接。

A．直线往复形　　B．斜拉划椭圆形

C．锯齿形

四、问答题

1. 水平固定管装配及定位焊有哪些要求？

2. 试述水平固定管打底焊时仰位、平位的接头方法。

3. 简述垂直固定管打底焊、填充焊、盖面焊的操作要领。

4. 简述斜45°固定管盖面焊操作要领。

五、技能训练题

1．将水平固定管焊接的技能训练内容按表 3–13 所列项目进行填写。焊件图参见教材第三单元课题 9。

表 3–13　　水平固定管焊接操作

<table>
<tr><td colspan="2">操作步骤及要点</td><td colspan="4"></td></tr>
<tr><td colspan="2">训练次数
焊接参数</td><td>第一个焊件</td><td>第二个焊件</td><td>第三个焊件</td><td>第四个焊件</td></tr>
<tr><td colspan="2">定位焊位置及点数</td><td></td><td></td><td></td><td></td></tr>
<tr><td colspan="2">钝边高度（mm）</td><td></td><td></td><td></td><td></td></tr>
<tr><td colspan="2">根部间隙（mm）</td><td></td><td></td><td></td><td></td></tr>
<tr><td rowspan="3">焊接电流（A）</td><td>打底焊</td><td></td><td></td><td></td><td></td></tr>
<tr><td>填充焊</td><td></td><td></td><td></td><td></td></tr>
<tr><td>盖面焊</td><td></td><td></td><td></td><td></td></tr>
<tr><td colspan="2">电弧电压（电弧长度）（V）</td><td></td><td></td><td></td><td></td></tr>
<tr><td colspan="2">一根焊条熔焊长度（mm）</td><td></td><td></td><td></td><td></td></tr>
<tr><td colspan="2">焊条型号及直径（mm）</td><td></td><td></td><td></td><td></td></tr>
<tr><td rowspan="3">运条方法</td><td>打底焊</td><td></td><td></td><td></td><td></td></tr>
<tr><td>填充焊</td><td></td><td></td><td></td><td></td></tr>
<tr><td>盖面焊</td><td></td><td></td><td></td><td></td></tr>
<tr><td colspan="2">焊条角度（°）</td><td></td><td></td><td></td><td></td></tr>
<tr><td colspan="2">焊后满意程度</td><td></td><td></td><td></td><td></td></tr>
<tr><td colspan="2">焊后质量检验</td><td></td><td></td><td></td><td></td></tr>
<tr><td colspan="2">技能训练体会</td><td colspan="4"></td></tr>
</table>

2. 将垂直固定管焊接的技能训练内容按表 3–14 所列项目进行填写。焊件图参见教材第三单元课题 9。

表 3–14　　垂直固定管焊接操作

<table>
<tr><td colspan="2">操作步骤及要点</td><td colspan="4"></td></tr>
<tr><td colspan="2">训练次数
焊接参数</td><td>第一个焊件</td><td>第二个焊件</td><td>第三个焊件</td><td>第四个焊件</td></tr>
<tr><td colspan="2">定位焊位置及点数</td><td></td><td></td><td></td><td></td></tr>
<tr><td colspan="2">钝边高度（mm）</td><td></td><td></td><td></td><td></td></tr>
<tr><td colspan="2">根部间隙（mm）</td><td></td><td></td><td></td><td></td></tr>
<tr><td rowspan="3">焊接电流（A）</td><td>打底焊</td><td></td><td></td><td></td><td></td></tr>
<tr><td>填充焊</td><td></td><td></td><td></td><td></td></tr>
<tr><td>盖面焊</td><td></td><td></td><td></td><td></td></tr>
<tr><td colspan="2">电弧电压（电弧长度）（V）</td><td></td><td></td><td></td><td></td></tr>
<tr><td colspan="2">一根焊条熔焊长度（mm）</td><td></td><td></td><td></td><td></td></tr>
<tr><td colspan="2">焊条型号及直径（mm）</td><td></td><td></td><td></td><td></td></tr>
<tr><td rowspan="3">运条方法</td><td>打底焊</td><td></td><td></td><td></td><td></td></tr>
<tr><td>填充焊</td><td></td><td></td><td></td><td></td></tr>
<tr><td>盖面焊</td><td></td><td></td><td></td><td></td></tr>
<tr><td colspan="2">焊条角度（°）</td><td></td><td></td><td></td><td></td></tr>
<tr><td colspan="2">焊后满意程度</td><td></td><td></td><td></td><td></td></tr>
<tr><td colspan="2">焊后质量检验</td><td></td><td></td><td></td><td></td></tr>
<tr><td colspan="2">技能训练体会</td><td colspan="4"></td></tr>
</table>

3．将斜 45°固定管焊接的技能训练内容按表 3–15 所列项目进行填写。焊件图参见教材第三单元课题 9。

表 3–15　　斜 45°固定管焊接操作

<table>
<tr><td colspan="2">操作步骤及要点</td><td colspan="4"></td></tr>
<tr><td colspan="2">训练次数
焊接参数</td><td>第一个焊件</td><td>第二个焊件</td><td>第三个焊件</td><td>第四个焊件</td></tr>
<tr><td colspan="2">定位焊位置
及点数</td><td></td><td></td><td></td><td></td></tr>
<tr><td colspan="2">钝边高度（mm）</td><td></td><td></td><td></td><td></td></tr>
<tr><td colspan="2">根部间隙（mm）</td><td></td><td></td><td></td><td></td></tr>
<tr><td rowspan="3">焊接
电流
（A）</td><td>打底焊</td><td></td><td></td><td></td><td></td></tr>
<tr><td>填充焊</td><td></td><td></td><td></td><td></td></tr>
<tr><td>盖面焊</td><td></td><td></td><td></td><td></td></tr>
<tr><td colspan="2">焊条型号及直径
（mm）</td><td></td><td></td><td></td><td></td></tr>
<tr><td rowspan="3">运条
方法</td><td>打底焊</td><td></td><td></td><td></td><td></td></tr>
<tr><td>填充焊</td><td></td><td></td><td></td><td></td></tr>
<tr><td>盖面焊</td><td></td><td></td><td></td><td></td></tr>
<tr><td colspan="2">焊后满意程度</td><td></td><td></td><td></td><td></td></tr>
<tr><td colspan="2">焊后质量检验</td><td></td><td></td><td></td><td></td></tr>
<tr><td colspan="2">技能训练体会</td><td colspan="4"></td></tr>
</table>

课题 10　固定管板焊操作

一、填空题（将正确答案填在横线上）

1．根据接头形式的不同，固定管板焊可分为____________管板焊和______________管板焊。根据空间位置的不同，每类管板的焊接又可分为____________________________焊、______________________焊和____________________焊。

2．管板类接头焊接实际是一种________接头的环形焊缝焊接。

3．在生产中，当管的孔径较小时，一般采用________式接头形式进行单面焊双面成形；当管的孔径较大时，则采用________式接头形式进行单面焊双面成形。

4．焊接垂直固定俯位管板时，如果操作不当，在管侧容易产生___________________或____________等缺陷，在板侧产生________、________和________等缺陷。

5．垂直固定俯位管板焊接操作时，要随焊接位置的变化适时调整相应的____________，并控制好熔池的________状态，时刻注意熔渣不要________，以免产生夹渣和未熔合等缺陷。

6．管板类接头是____________、____________制造业主要的焊缝形式之一。

7．骑座式管板除保证焊缝外观外，还要保证焊缝________成形。

8．用灭弧焊法进行俯位管板打底焊，始焊点选在________处，在保持正确焊条角度的前提下，尽量向左侧转动________________。

9．垂直固定俯位管板焊接时，应采用较________的焊接参数，直径较________的焊条和合适的________角度及有节奏的运条方法，来获得满意的焊接质量。

10．管板焊接时，焊工的手腕要随管子的弯曲转动焊条角度，并通过控制________速度和焊条________幅度来保证焊脚尺寸。

11．为保证管板焊件 8 mm 的焊脚尺寸，应采取____________道焊，第一条焊道应紧靠________________________的夹角处，第二条焊道应重叠于第一条焊道____________。

12．管板固定焊时由于管子与孔板的________不同，所需热量也不一样，因此运条时焊条在____________应多停留一会儿，以控制熔池温度并调整熔池形状。

13．管板固定焊仰焊位置焊接时焊条应该________________一些，横向___________些，向前运条的间距要均匀。

二、判断题（正确的打“√”，错误的打“×”）

1．垂直固定俯位管板打底焊选定始焊位置时，应该在保持正确焊条角度的前提下，尽量向右侧转动手臂和手腕。（　　）

2．垂直固定管板装配时，应该保证管子外壁与板孔同轴，不错边。（　　）

3．水平固定管板装配时，考虑到焊接收缩量，仰焊间隙要大于平焊间隙。（　　）

4．水平固定管板焊接的最佳位置是将焊件固定在距地面 850 mm 左右的高度。（　　）

5．焊接水平固定管板时，管子和孔板厚度不同，所需热量不一样。运条时，在孔板一侧多停留一会儿，以控制熔池温度并调整熔池形状。 （ ）

6．水平固定管板的焊接在仰位和平位处，要保持熔池液面趋于水平，以避免熔池金属下淌，产生咬边和焊瘤缺陷。 （ ）

7．水平固定管板填充焊和盖面焊运条时，在熔池液面趋于水平的前提下，应该加大孔板侧向前移动的间距，并相应增加焊接停留时间。 （ ）

8．管板接头的检测手段还不完善，只能通过表面探伤及间接金相抽样来实现，焊缝内部质量不太有保证。 （ ）

9．管板坡口尺寸应满足电弧能深入焊缝根部进行焊接的要求。 （ ）

10．水平固定管板焊接在孔板一侧易产生咬边或焊缝偏下缺陷。 （ ）

11．垂直固定管板焊接在管子一侧易产生夹渣、未焊透和未熔合等缺陷。 （ ）

三、选择题（将正确答案的代号填入括号内）

1．水平固定管板盖面焊应该采用（ ）运条法。

A．斜锯齿形 B．月牙形 C．直线形

2．由于水平固定管板的焊缝两侧是（ ）的同心圆，孔板侧比管板侧圆周长。

A．同径 B．不同径 C．没有明显的区别

3．管板类焊接接头实际是一种（ ）环形接头。

A．V形 B．X形 C．T形

4．在生产实践中经常会遇到固定管板所处位置有一侧操作不太方便的情况，这时一定要先焊接（ ）的一侧。

A．较容易操作 B．较难操作 C．较方便

四、问答题

1．垂直固定俯位管板打底焊时，如何防止因熔渣超前产生的夹渣缺陷？

2．水平固定全位置管板焊时，在什么位置采用斜锯齿形运条法？在什么位置采用锯齿形运条法？

3．水平固定全位置管板盖面焊时怎样克服管壁侧堆积、孔板侧咬边的缺陷？

五、技能训练题

1．将垂直固定俯位管板焊的技能训练内容按表3–16所列项目进行填写。焊件图参见教材第三单元课题10。

表3–16　垂直固定俯位管板焊操作

操作步骤及要点				
训练次数 焊接参数	第一个焊件	第二个焊件	第三个焊件	第四个焊件
定位焊位置及点数				
钝边高度（mm）				

续表

焊接参数＼训练次数		第一个焊件	第二个焊件	第三个焊件	第四个焊件
根部间隙（mm）					
焊接电流（A）	打底焊				
	填充焊				
	盖面焊				
电弧电压（电弧长度）（V）					
一根焊条熔焊长度（mm）					
焊条型号及直径（mm）					
运条方法	打底焊				
	填充焊				
	盖面焊				
焊条角度（°）					
焊后满意程度					
焊后质量检验					
技能训练体会					

2. 将水平固定管板焊的技能训练内容按表 3–17 所列项目进行填写。焊件图参见教材第三单元课题 10。

表 3–17　　水平固定管板焊操作

操作步骤及要点	

续表

焊接参数 \ 训练次数		第一个焊件	第二个焊件	第三个焊件	第四个焊件
定位焊位置及点数					
钝边高度（mm）					
根部间隙（mm）					
焊接电流（A）	打底焊				
	填充焊				
	盖面焊				
电弧电压（电弧长度）（V）					
一根焊条熔焊长度（mm）					
焊条型号及直径（mm）					
运条方法	打底焊				
	填充焊				
	盖面焊				
焊条角度（°）					
焊后满意程度					
焊后质量检验					
技能训练体会					

课题 11　组合焊件焊接操作

一、填空题（将正确答案填在横线上）

1. 在钢板边缘一侧很快地堆焊一道焊缝，则钢板中间受到__________应力，两侧受到________应力，钢板产生____________变形。如果焊接加热时产生的压应力大于材料的屈服强度，冷却后钢板中间产生________应力，两侧产生________应力。

2. 焊缝在钢板中间的纵向应力使焊缝及其附近产生____________应力；钢板两侧产生________应力。

3．焊接残余变形可分为__________、__________、__________、__________、__________等几种基本变形形式。

4．根据焊接残余变形对结构和形状的影响，可分为________变形和________变形两类。

5．整体变形通常以________、________、________和________的形式出现。

6．局部变形是因焊件的________变形和________变形引起的。

7．焊缝的纵向收缩量一般随焊缝的______、熔敷金属______的增大而______，随焊件______的增大而______；焊缝的横向收缩量一般随板厚的增大而______。

8．弯曲变形的大小以______进行度量。

9．角变形的大小用______来度量。

10．波浪变形一般在______板焊接结构中产生。

11．如焊缝在焊接结构中布置不对称，则焊后焊件要产生弯曲变形，弯曲的方向是朝向焊缝数目______的那一侧。

12．焊缝偏离焊件中性轴越______，焊件就越容易产生弯曲变形。

13．焊接结构的刚度取决于其自身的______形状及______大小。

14．线膨胀系数较______的金属，其焊后变形也大。

15．一般焊后变形随着焊接电流的增大而______，随着焊接速度的加快而______。

16．坡口角度及对口间隙过大，变形量______。

17．焊接残余应力若按其造成的原因可分为__________、__________。

18．焊接残余应力若按其作用方向可分为________、________。

19．焊接残余应力若按其在空间的方向可分为________、________、________。

20．如果焊接结构的焊缝不对称布置，先焊焊缝__________的一侧，后焊________的一侧，可以减小总体焊接变形。

21．减小焊接变形的散热法不适用于______倾向较高的钢材。

22．加热“减应区”法是通过加热时加热区的伸长而产生与焊缝收缩方向______的变形，冷却时加热区的收缩与焊缝收缩方向______，使焊缝有自由收缩的可能，焊接残余应力可大为减小。

23．锤击焊缝能起到减小__________的作用。

24．焊接残余变形的矫正方法有__________和__________。

25．对于低碳钢用火焰矫正焊接变形的加热温度应为________℃。

26．根据加热区形状的不同，火焰矫正有__________、__________和__________三种方式。

27．用火焰矫正焊接变形时，一般采用______焰。

28．消除焊接残余应力的方法有__________、__________、________、________和________等几种。

29．焊接时用____________的方法将焊接区的热量散走，从而达到减少变形的目的，这种方法称为________。

30．焊接前对焊件采用外加刚性约束，使焊件在焊接时不能自由变形，这种防止变形的方法称为________________。

31．线状加热法多用于矫正____________或____________的结构。

32．三角形加热法常用于矫正厚度较大、刚度较高构件的________变形。

33．为了减小焊接残余应力，焊接时应先焊收缩量________的焊缝，使焊缝能较自由地收缩。

34．为了减小焊接残余应力，焊接时应先焊________________________的短焊缝，后焊____________的长焊缝。

35．多层焊时，第一层焊道不敲击是为了避免________________。

二、判断题（正确的打“√”，错误的打“×”）

1．焊件上的残余应力都是压应力。 （ ）

2．焊件若不加外来刚性约束而产生的变形叫作自由变形。 （ ）

3．焊后必须消除焊件中的残余应力，否则残余应力将对整个焊接结构产生严重影响。 （ ）

4．焊接变形和焊接应力在焊接时是必然产生的，无法避免。 （ ）

5．焊件的纵向、横向收缩在焊接过程中是同时产生的。 （ ）

6．如果焊件在焊接过程中产生的压应力大于材料的屈服强度，则焊后就不会产生焊接残余应力和焊接残余变形。 （ ）

7．由于焊件在焊接过程中受到不均匀加热，导致焊后产生焊接残余应力和残余变形。 （ ）

8．焊件越厚，则其横向收缩的变形量越大。 （ ）

9．焊件上的焊缝越长，则其纵向收缩的变形量越大。 （ ）

10．弯曲变形的大小以弯曲的角度来进行度量。 （ ）

11．在同样厚度的情况下，采用同样的焊接条件，V 形坡口比 X 形坡口的角变形小。 （ ）

12．坡口角度越大的 V 形坡口，其焊件焊后角变形越大。 （ ）

13．如果焊缝不在焊件的中性轴上，则焊后焊件将会产生弯曲变形。 （ ）

14．焊件的装配间隙越大，横向收缩量越大。 （ ）

15．提高结构的刚度，会增大焊接残余变形。 （ ）

16．由于低碳钢的线膨胀系数比 Q355 钢小，因此焊后的残余变形比 Q355 钢小。 （ ）

17．焊缝不对称时，应先焊焊缝少的一侧，以减少弯曲变形。 （ ）

18．在同样厚度的情况下，单层焊比多层焊产生的焊接残余变形要小。 （ ）

19．适当减小焊缝尺寸，有利于减小焊接残余变形。 （ ）

20．采用对称焊接方法可以减少焊件的波浪变形。 （ ）

21．采用分段退焊法焊接长焊缝的目的是减少变形。 （ ）

22. 焊后锤击焊缝的目的是改善焊缝金属的力学性能。 ( )
23. 为了减小焊接残余应力，应先焊结构中收缩量最小的焊缝。 ( )
24. 焊接前对焊件采用刚性固定法，焊后焊件就不会产生残余变形。 ( )
25. 反变形法会使焊接接头中产生较大的焊接应力。 ( )
26. 散热法可以用来消除薄板的波浪变形。 ( )
27. 低合金钢可以用预热法来减小焊接残余应力。 ( )
28. 焊缝分布不对称的焊件应先焊焊缝少的一侧，以减小弯曲变形量。 ( )
29. 淬火钢可以用散热法来减小焊接残余变形。 ( )
30. 抵消波浪变形最好的方法是在焊接前预先对焊件进行反变形。 ( )
31. 退焊法可以减小焊接残余应力。 ( )
32. 机械矫正法效率高，适用于淬硬倾向较大钢材变形的矫正。 ( )
33. 火焰矫正法只适用于低碳钢结构。 ( )
34. 火焰矫正焊件的变形时，其加热部位应是变形处的伸长部位。 ( )
35. 矫正时加热温度越高，则矫正变形效果越好，所以利用火焰加热矫正时，加热的温度越高越好。 ( )
36. 水压试验对容器具有降低焊接残余应力的作用。 ( )
37. 消除残余应力热处理既可以消除焊接应力又可以消除焊接变形。 ( )
38. 局部高温回火消除焊接残余应力的效果不如整体高温回火的效果。 ( )
39. 厚度较大、刚度较高的焊件可以利用三角形加热来矫正焊后的弯曲变形。 ( )
40. 刚性固定法适用于任何材料的结构焊接。 ( )
41. 相同厚度和相同焊接条件下，U 形坡口的变形比 V 形坡口的变形小。 ( )
42. 焊接应力在焊接时是必然要产生的，无法避免，但是焊接变形是可以避免产生的。 ( )

三、选择题（将正确答案的代号填入括号内）

1. 板条沿中心线加热再冷却后，板条中产生的应力是（ ）。
A. 拉应力 B. 中心受压应力，两侧受拉应力
C. 中心受拉应力，两侧受压应力

2. 焊件焊后产生角变形的原因是（ ）。
A. 沿焊缝长度方向上纵向收缩不均匀
B. 沿焊缝横截面上横向收缩不均匀
C. 操作时焊接电流过大

3. 如果焊缝离断面中心轴较远，则（ ）变形较大。
A. 弯曲 B. 扭曲 C. 角

4. 焊缝不在构件的中性轴上，构件焊后容易产生（ ）变形。
A. 弯曲 B. 扭曲 C. 角

5. 厚板焊接时主要产生（ ）应力。
A. 单向 B. 双向 C. 三向

6. 与角焊缝相比，对接焊缝的纵向收缩量（ ）。

A．大　　B．小　　C．相等

7．如果焊件的截面上下宽度不一致，焊接时焊件会因为横向收缩上下不均匀而产生（　　）变形。

A．弯曲　　B．角　　C．扭曲

8．焊缝的纵向收缩量随（　　）和（　　）的增大而增大。

A．熔敷金属截面积　　B．焊缝的长度

C．母材的线膨胀系数

9．焊接应力方向平行于焊缝轴线的应力称为（　　）应力；焊接应力方向垂直于焊缝轴线的应力称为（　　）应力。

A．纵向　　B．横向　　C．相变

10．当两板自由对接且焊缝不长及横向没有约束时，焊缝横向收缩变形量比纵向收缩变形量（　　）。

A．大得多　　B．小得多　　C．稍大　　D．稍小

11．对接焊缝产生的应力是（　　）应力。

A．单向　　B．双向　　C．三向

12．表面堆焊时产生的应力是（　　）应力。

A．单向　　B．双向　　C．三向

13．单向应力通常发生在（　　）焊接结构中。

A．薄板　　B．中厚板　　C．厚板　　D．复杂

14．采用（　　）方法焊接直长焊缝的焊接变形最小。

A．直通焊　　B．从中段向两端焊

C．从中段向两端逐步退焊　　D．从一端向另一端逐步退焊

15．（　　）将使焊接接头中产生较大的焊接应力。

A．逐步退焊法　　B．刚性固定法　　C．对称焊

16．分段退焊法可以（　　）。

A．减少焊接变形　　B．减小焊接应力　　C．提高焊件的韧性

17．为减少焊件的焊接残余变形，选择合理的焊接顺序的原则之一是（　　）。

A．先焊收缩量大的焊缝　　B．对称焊

C．尽可能考虑焊缝的自由收缩

18．火焰矫正薄板的局部凸、凹变形宜采用（　　）加热方式。

A．点状　　B．线状　　C．三角形

19．变形的种类虽多，但基本上都是由（　　）引起的。

A．角变形　　B．焊缝的纵向收缩或横向收缩

C．弯曲变形

20．焊接过程中，锤击焊缝是为了减小焊缝的（　　）。

A．纵向变形　　B．角变形　　C．焊接应力

21．焊接梁、柱、管道等长焊缝时常会产生（　　）变形。

A．角　　B．弯曲　　C．纵向收缩

22．控制焊接应力的合理工艺措施是（　　）。

A．反变形法　　B．刚性固定法　　C．尽可能使焊缝自由收缩

23．控制焊接残余变形的方法是（　　）。

A．刚性固定法　　B．敲击法　　C．预热法

四、名词解释

1．焊接应力

2．焊接变形

3．焊接残余应力

4．焊接残余变形

5．反变形法

6．火焰矫正法

7．机械矫正法

五、问答题

1．焊接应力与焊接变形是如何形成的？

2．焊接残余变形的基本形式有哪几种？

3．影响焊接结构残余变形的因素有哪些？为什么？

4．焊接残余应力应如何分类？

5. 为了控制焊接残余应力和残余变形，在焊接结构设计时要考虑哪些内容？

6. 火焰矫正法有哪几种形式？说出其各自的适用范围。

7. 如何选择组合焊件的焊接顺序？为什么？

8. 在焊接过程中如何控制组合焊件的焊接质量？

六、技能训练题

将组合焊件焊接（复合技能训练）的内容按表 3–18 所列项目进行填写。焊件图参见教材第三单元课题 11。

表 3–18　　组合焊件焊接操作

装配和焊接顺序	
操作步骤及要点	
焊后质量检验	
技能训练体会	

第四单元　埋弧自动焊与碳弧气刨

课题 1　埋弧自动焊原理、设备及材料

一、填空题（将正确答案填在横线上）

1. 由于埋弧自动焊采用颗粒状焊剂，一般仅适用于________位置，其他位置的焊接则需采用特殊措施。埋弧自动焊主要适用于____________及________________的焊接。

2. 进行埋弧自动焊时，为了保持电弧长度稳定不变，可通过两种途径来实现，即调节____________________和____________________。

3. 焊丝给送速度是指在单位时间内________焊接区的焊丝长度。焊丝熔化速度是指在单位时间内____________焊接区的焊丝长度。

4. 埋弧自动焊机和其他自动焊机一样，采用______________________和______________________________________两种电弧自动调节方式。

5. MZ1—1000 型是______________式埋弧自动焊机，是根据______________调节原理设计及制造的，可以使用__________或__________焊接电源，该焊机主要由____________、__________和____________三部分组成。

6. 等速送丝式埋弧自动焊机的电弧稳定燃烧点是________________________________、__________________________和________________________三线的相交点。

7. 等速送丝式埋弧自动焊机的特点是选定的焊丝给送速度在焊接过程中__________。

8. 变速送丝式埋弧自动焊机的特点是通过改变焊丝给送速度来消除________因素对弧长的影响。

9. 变速送丝式埋弧自动焊机的电弧稳定燃烧点是________________________________、______________________和____三线的相交点。

10. MZ—1000 型是____________式的埋弧自动焊机，是根据_____________调节原理设计的。该焊机主要由________________________________、____________________________和________________组成。

11. 影响电弧自身调节作用的因素有____________和____________。

12. 影响电弧电压自动调节性能的主要因素是____________________。

13. 等速送丝式埋弧自动焊机适宜采用________外特性焊接电源。

14. 变速送丝式埋弧自动焊机适宜采用________外特性焊接电源。

15. 目前埋弧焊焊丝与焊条电弧焊焊条的焊芯同属一个国家标准，按照焊丝的成分和用途可分为____________焊丝、____________焊丝和____________焊丝三类。

16. 焊剂按制造方法分类可分为________焊剂、________焊剂和________焊剂。

17.“HJ431 细”中 HJ 表示________________，4 表示________________，3 表示______________，1 表示____________________，细表示______________。

18. 焊剂型号 SFCS167ACH10 中 S 表示______________________________，F 表示__________________________，CS 表示________________________。

19. HJ350 表示______锰______硅______氟型焊剂。

20. 埋弧自动焊的焊接材料是__________和__________。

21. 焊剂按氧化锰含量的多少可分为__________、__________、__________和__________等类型。

22. 焊剂按其二氧化硅含量的多少可分为__________、__________和__________等类型。

23. 焊剂按其氟化钙含量的多少可分为__________、__________和__________等类型。

24. 焊剂在使用前应在____________℃烘干______h。

二、判断题（正确的打“√”，错误的打“×”）

1. 等速送丝式埋弧自动焊机的焊丝给送速度是恒定不变的，自身调节性能关键在于焊丝熔化速度，而焊丝熔化速度与焊接电流和电弧电压无关。（　）

2. 变速送丝式埋弧自动焊机的焊丝给送速度与电弧电压有关，随着电弧电压的变化来改变送丝速度，从而消除电弧长度变化的干扰。（　）

3. 为了提高电弧的自身调节性能，等速送丝式埋弧自动焊机应选用具有缓降外特性的电源。（　）

4. 埋弧自动焊时，保持电弧稳定燃烧的条件是焊丝的给送速度等于焊丝的熔化速度。（　）

5. MZ—1000 型埋弧自动焊机是根据电弧电压自动调节原理设计的。（　）

6. MZ1—1000 型埋弧自动焊机是根据电弧自身调节原理设计的。（　）

7. MZ1—1000 型埋弧自动焊机是等速送丝式自动焊机。（　）

8. MZ—1000 型埋弧自动焊机是变速送丝式自动焊机。（　）

9. 只要选择合适的焊剂，埋弧自动焊也可以进行立焊位置的焊接。（　）

10. 焊剂型号 SAAF25644DC 中 S 表示适用于埋弧焊，A 表示焊剂制造方法为烧结型，AF 表示焊剂类型为铝氟碱型。（　）

11. HJ431 中的主要成分是 MnO、SiO_2、CaF_2。（　）

12. HJ431 的前两位数字表示焊缝金属的抗拉强度。（　）

13. 变速送丝式埋弧自动焊机所焊接的焊缝质量要优于等速送丝式埋弧自动焊机所焊接的焊缝质量。（　）

14. HJ430 属于高锰高硅低氟焊剂。（　）

15. 电弧自身调节作用主要是依靠焊接电流的增减来改变焊丝熔化速度，而焊丝的给送速度保持不变。（　）

16. 埋弧自动焊焊接过程的自动调节目的是消除电弧长度变化的干扰。（　）

17. 凡是使电源外特性和电弧静特性发生变化的外界因素都会影响焊接电流和电弧电

压的稳定。（　　）

18．变速送丝式埋弧自动焊机的送丝速度与电弧电压无关，与焊接电流有关。（　　）

19．采用小电流焊接时，电弧的自身调节作用更好。（　　）

20．埋弧自动焊时，网络电压的波动对焊接参数的稳定没有影响。（　　）

21．在等熔化速度曲线上焊接速度等于焊丝熔化速度。（　　）

22．在电弧电压自动调节静特性曲线上不同点的焊丝给送速度是相等的。（　　）

23．在电弧电压自动调节静特性曲线上不同点的焊丝熔化速度是相等的。（　　）

24．在电弧电压自动调节静特性曲线上的每一点，其送丝速度等于焊丝的熔化速度。（　　）

25．在等熔化速度曲线上的每一点，其送丝速度等于焊丝的熔化速度。（　　）

三、选择题（将正确答案的代号填入括号内）

1．MZ—1000 型焊机是（　　）。

A．埋弧自动焊机　　B．CO_2 气体保护焊机

C．氩弧焊机

2．MZ—1000 型焊机电源外特性曲线形状是（　　）。

A．缓降　　B．陡降　　C．平硬

3．MZ1—1000 型焊机电源外特性曲线形状是（　　）。

A．缓降　　B．陡降　　C．平硬

4．熔炼焊剂制造过程要经过（　　）熔炼，合金元素易被氧化，因此不能依靠焊剂向焊缝大量添加合金元素。

A．高温　　B．中温　　C．低温

5．HJ431 属于（　　）型焊剂。

A．高锰高硅　　B．无锰高硅　　C．低锰高硅

6．HJ250 是（　　）型熔炼焊剂。

A．高锰高硅中氟　　B．低锰中硅中氟　　C．中锰中硅中氟

7．埋弧自动焊不可利用（　　）向熔池过渡合金元素。

A．熔炼焊剂　　B．合金焊丝

C．非熔炼焊剂　　D．药芯焊丝

8．埋弧自动焊属于（　　）保护。

A．渣　　B．气　　C．气渣联合

四、问答题

1．埋弧自动焊与焊条电弧焊相比有哪些特点？

2. 等熔化速度曲线说明了什么？

3. 根据教材图 4–4 说明电弧长度变化时等速送丝式埋弧自动焊机的自动调节过程。

4. 根据教材图 4–9 说明电弧长度变化时变速送丝式埋弧自动焊机的自动调节过程。

5. 电弧电压自动调节静特性曲线说明了什么？

6. MZ—1000 型焊机如何根据电弧电压自动调节原理控制焊丝给送？

7. 焊剂的主要作用是什么？焊剂牌号编制规则有哪些？

课题 2　埋弧自动焊操作

一、填空题（将正确答案填在横线上）

1. 焊缝的成形系数为单道焊缝横截面上____________与____________________之比，成形系数的大小关系到焊缝的质量。当其过小时，焊缝_________________________，容易产生__________、__________________等缺陷；当其过大时，__________________过大，或因________浅而造成________。

2. 埋弧自动焊的主要焊接参数有_____________、____________、_________________、____________等。

3. 埋弧自动焊上坡焊时，焊缝厚度和余高___________而焊缝宽度____________，形成___________的焊缝；下坡焊时，焊缝厚度和余高__________而焊缝宽度__________。因此，焊件的倾斜角不得超过____________。

4. 埋弧自动焊时，一般要求焊丝伸出长度的变化为____________mm。

5. 埋弧自动焊进行直缝焊件的装配时，应在焊件接口的两端分别采用___________板和________板，待焊后再割掉，以保证焊缝两端不存在焊接缺陷。

6. 埋弧自动焊焊接环缝时，采取收尾焊道与引弧处焊道____________的方法，可保证良好熔合，避免弧坑的出现。

二、判断题（正确的打“√”，错误的打“×”）

1. 由于埋弧自动焊要求焊丝始终处于竖直位置，因此不能进行环缝焊接。（　　）
2. 一般埋弧自动焊不能进行全位置的焊接。（　　）
3. 埋弧自动焊利用焊丝和焊剂向熔池过渡合金元素。（　　）
4. 埋弧自动焊在熄弧收尾时，要求先停止送丝，再切断电源。（　　）
5. 埋弧自动焊常用的焊剂是烧结焊剂。（　　）
6. 埋弧自动焊的焊缝质量高主要表现在焊缝中的含氢量特别低。（　　）
7. 焊剂垫只能用于长纵缝的焊接。（　　）
8. 埋弧自动焊时，焊接电流主要影响焊缝的熔宽，而电弧电压主要影响焊缝的厚度。（　　）
9. 埋弧自动焊时，若焊丝伸出长度过长，焊丝熔化速度加快，会使焊缝厚度减小，余高增加。（　　）
10. 埋弧自动焊焊丝前倾时，焊缝厚度增大，焊缝宽度减小，适用于焊接厚板。（　　）
11. 埋弧自动焊时，通过观察焊件背面的红热程度，可以了解焊件的熔透状况。若背面出现白亮颜色，母材加热面积前端呈尖状，则表明熔透良好。（　　）
12. 埋弧自动焊结束后，堆积在焊缝表面的未熔化焊剂应进行回收，还可以再使用。（　　）
13. 为了加强电弧的自身调节作用，最好使用大直径焊丝。（　　）
14. 电弧自身调节特性是焊接电弧的一种属性，所以焊条电弧焊的焊接电弧也具备这种性质。（　　）
15. 埋弧自动焊时，若其他参数不变，随着焊丝直径的增大，焊缝宽度减小，焊缝厚度增大。（　　）
16. 目前生产中应用最多的是埋弧自动焊，而不是埋弧半自动焊。（　　）
17. 与焊条电弧焊相比，埋弧自动焊对气孔敏感性小，不易产生气孔。（　　）

三、选择题（将正确答案的代号填入括号内）

1. 埋弧自动焊主要靠（　　）热来熔化焊丝和母材金属进行焊接。

   A．电阻　　B．化学　　C．电弧

2. 焊缝成形系数不可能（　　）。

   A．大于 1　　B．小于 0　　C．大于 0

3. 埋弧焊焊缝成形系数主要影响（　　）。

   A．焊缝内部质量　　B．焊缝化学成分

   C．焊接应力和变形

4. 当埋弧自动焊的焊接电流不变而减小焊丝直径时，焊缝成形系数（　　）。

   A．变大　　B．减小　　C．基本不变

5. 当埋弧自动焊的其他焊接参数不变而仅增加焊丝伸出长度时，则焊缝余高（　　）。

A．不变　　　B．增加　　　C．减少

6．埋弧自动焊对于厚度为（　　）mm 的板材可以不开坡口（采用 I 形坡口），只需采用双面焊接，背面不用清根，也能达到全焊透的要求。

A．5　　　B．6 ~ 20　　　C．25　　　D．36

7．下列选项中（　　）不是埋弧自动焊主要的焊接参数。

A．焊接电流　　　B．电弧电压　　　C．焊丝熔化速度　　　D．焊接速度

8．中厚板进行埋弧自动焊时，采用 I 形坡口双面焊，要求后焊的正面焊道的熔深达到板厚的（　　）。

A．30% ~ 40%　　　B．40% ~ 50%　　　C．50% ~ 60%　　　D．60% ~ 70%

四、问答题

1．埋弧自动焊的主要焊接参数对焊缝形状产生哪些影响？

2．埋弧自动焊进行平敷焊时，引弧前应进行哪些操作？引弧和收弧有哪些要领？焊接过程中要做哪些调节？如何控制焊缝成形？

3. 简述对中厚板I形坡口进行埋弧自动双面焊时背面焊缝、正面焊缝的操作要领。

五、技能训练题

将埋弧自动焊的技能训练内容按表4–1所列项目进行填写。焊件图参见教材第四单元课题2埋弧自动平敷焊的焊件图。

表4–1　　埋弧自动焊操作

<table>
<tr><td>焊接方法</td><td colspan="3"></td></tr>
<tr><td>焊件尺寸</td><td></td><td>焊件材料</td><td></td></tr>
<tr><td>焊接材料</td><td colspan="3"></td></tr>
<tr><td>设备型号及工具</td><td colspan="3"></td></tr>
<tr><td>焊接时间（min）</td><td colspan="3"></td></tr>
<tr><td>操作步骤及要点</td><td colspan="3"></td></tr>
</table>

续表

焊接参数	焊丝及其直径（mm）	焊接电流（A）	电弧电压（V）	焊接速度（m/min）	焊剂
焊后质量检验					
技能训练体会					

课题3　碳弧气刨操作

一、填空题（将正确答案填在横线上）

1．碳弧气刨是利用__________与工件间产生的________将金属局部熔化，同时借助__________的气流将其吹除，实现__________和__________的加工方法。

2．碳弧气刨具有生产________、噪声________、操作________等优点。

3．利用碳弧气刨可以进行焊缝________、背面________和各种形式的__________加工，还可以用于刨除焊缝中的__________，并可切割铸件的__________、__________及切割__________________等金属材料。

4．碳弧气刨的装置主要由______________、______________、______________、__________及__________组成。

5．碳弧气刨枪有__________送风式和__________送风式两种。

6．碳弧气刨应选择__________的焊机作为电源。

7．碳棒为碳弧气刨的__________材料。断面形状多为__________形，用于焊缝的__________、__________及清除焊接________等；刨宽槽或平面时可采用________碳棒。

8．碳弧气刨时的工艺参数包括______________、______________、______________、__________、________________、__________、__________和__________等。

9．碳弧气刨操作的基本要领是“__________”，即：对刨槽的________要看得准，掌握好刨槽的________；手要端得________；________夹持要端正。

10．碳弧气刨操作实践证明：碳棒伸出长度为______________mm为宜；电弧长度为______________mm较为合适；常用的压缩空气气压为____________MPa；刨削速度以__________m/min为宜；碳棒倾角一般为__________。

11．碳弧气刨时，若操作不当很容易产生________、________、________等缺陷。

12．碳弧气刨操作时，若钢板处于冷态来不及熔化，此时碳棒处于红热状态进行送进，很容易造成__________缺陷。

13．在碳弧气刨过程中压缩空气不允许中断；否则，造成碳棒急剧升温，外层的________

熔化脱落，形成___________。

二、判断题（正确的打“√”，错误的打“×”）

1. 碳弧气刨只可以加工坡口及刨除焊缝缺陷，但不能切割不锈钢、铜、铝等。（ ）
2. 圆周送风式碳弧气刨枪的送风孔开在钳口附近的一侧。（ ）
3. 圆周送风式碳弧气刨枪的特点是压缩空气既冷却碳棒，又沿碳棒四周均匀送风。（ ）
4. 碳弧气刨低碳钢时，采用直流正接，刨削过程稳定，刨槽光滑。（ ）
5. 碳弧气刨可以使用圆形碳棒在焊件上开 U 形坡口。（ ）

三、选择题（将正确答案的代号填入括号内）

1. 碳弧气刨可选用（ ）型焊机作为电源。

   A．BX1—500　　B．ZX5—200　　C．ZX5—500

2. 碳棒与工件的倾角随刨槽的深度增加而________，一般为________。（ ）

   A．增大；25°~45°　　B．减小；15°~25°

   C．不变；45°~75°

四、问答题

1. 简述碳弧气刨的操作要领。

2. 碳弧气刨时应注意哪些事项？

3. 在碳弧气刨操作过程中，怎样避免夹碳、黏渣、铜斑缺陷的产生？

第五单元 CO_2 气体保护焊

课题 1 CO_2 气体保护焊原理、设备及材料

一、填空题（将正确答案填在横线上）

1．惰性气体有＿＿＿＿＿和＿＿＿＿＿；还原性气体有＿＿＿＿＿和＿＿＿＿＿；氧化性气体有＿＿＿＿＿。

2．气体保护焊按所用电极材料不同可分为＿＿＿＿＿气体保护焊和＿＿＿＿＿气体保护焊。

3．气体保护焊按保护气体的种类划分有＿＿＿＿＿＿＿、＿＿＿＿＿＿＿等方法。

4．气体保护焊按操作方式不同可分为＿＿＿＿、＿＿＿＿和＿＿＿＿气体保护焊。

5．焊条电弧焊采用＿＿＿＿＿保护，埋弧自动焊采用＿＿＿＿＿＿＿保护，而 CO_2 气体保护焊采用＿＿＿＿＿保护。

6．细丝 CO_2 气体保护焊的焊丝直径＿＿＿＿＿mm，主要采用＿＿＿＿＿过渡形式焊接＿＿＿＿＿。它较多应用于焊接厚度小于 3 mm 的＿＿＿＿＿和＿＿＿＿＿结构的零部件。

7．粗丝 CO_2 气体保护焊的焊丝直径为＿＿＿＿＿mm 时，一般采用＿＿＿＿＿电流和＿＿＿＿＿的电弧电压来焊接中厚板。

8．药芯焊丝 CO_2 气体保护焊是一种＿＿＿＿＿＿＿＿＿保护的焊接方法。

9．采用折叠截面的药芯焊丝时，焊接电流分布＿＿＿＿＿＿＿＿＿，电弧燃烧＿＿＿＿＿，焊丝熔化＿＿＿＿＿，冶金反应＿＿＿＿＿，容易保证获得优质的焊缝。

10．药芯焊丝 CO_2 气体保护焊常用直流＿＿＿＿＿性和＿＿＿＿＿弧焊规范，常用于焊接中厚板。

11．富氩气体保护焊是 CO_2 加＿＿＿＿＿的保护焊。混合比选用＿＿＿＿＿% 以上氩气加＿＿＿＿＿% 以下 CO_2 气体。

12．CO_2 焊常用的焊丝有＿＿＿＿＿焊丝和＿＿＿＿＿焊丝两种。

13．富氩气体保护焊对 10 mm 以下厚度的钢板可以不开坡口，生产效率可比焊条电弧焊提高＿＿＿＿＿倍。

14．富氩气体保护焊的特点是＿＿＿＿＿＿＿＿＿、＿＿＿＿＿＿＿＿＿、＿＿＿＿＿＿＿＿＿、＿＿＿＿＿＿＿＿＿。

15．焊接用 CO_2 气体的纯度应大于＿＿＿＿＿。

16. CO_2 气体保护焊的优点是＿＿＿＿＿＿＿、＿＿＿＿＿＿＿、＿＿＿＿＿＿＿、＿＿＿＿＿＿＿＿＿、＿＿＿＿＿＿＿＿＿、＿＿＿＿＿＿＿＿＿。

17. CO_2 气体保护焊采用细焊丝、小电流和低电弧电压进行焊接时，熔滴呈＿＿＿＿＿过渡形式。

18. CO_2 气体保护焊采用粗焊丝、大电流和高电弧电压进行焊接时，熔滴呈＿＿＿＿＿过渡形式。

19. CO_2 气体保护焊焊接低碳钢及低合金钢，主要采用＿＿＿＿、＿＿＿＿联合脱氧的措施。

20. 常用的 CO_2 气体保护半自动焊机主要由＿＿＿＿＿＿、＿＿＿＿＿＿＿＿＿＿、＿＿＿＿＿＿＿和＿＿＿＿＿＿等组成。

21. CO_2 气体保护半自动焊机只能使用＿＿＿＿电源，要求焊接电源具有＿＿＿＿的外特性。

22. CO_2 气体保护半自动焊为等速送丝，其送丝方式有＿＿＿＿＿＿式、＿＿＿＿＿＿式、＿＿＿＿＿式三种。

23. CO_2 气体保护半自动焊焊枪按其结构可分为＿＿＿＿式焊枪和＿＿＿＿式焊枪。焊枪上的＿＿＿＿＿＿和＿＿＿＿＿＿是其主要零件。

24. 焊枪喷嘴的内、外表面喷一层＿＿＿＿＿＿＿＿或＿＿＿＿＿＿，以防止飞溅物的黏附并易于清除。

25. 通常导电嘴的孔径比焊丝直径大＿＿＿＿mm 左右。如果孔径太小，＿＿＿＿＿＿大；如果孔径太大，则送出的焊丝＿＿＿＿＿＿。

26. CO_2 供气装置由＿＿＿＿＿＿、＿＿＿＿＿＿、＿＿＿＿＿＿、＿＿＿＿＿＿＿＿和＿＿＿＿＿等组成。

27. 瓶装的液态 CO_2 汽化时要吸收大量的热，会导致气路堵塞，所以使用时需在减压器减压之前经＿＿＿＿＿＿＿＿＿＿＿＿＿＿＿＿＿＿＿＿加热。

28. CO_2 气体保护焊控制系统的作用是对＿＿＿＿＿、＿＿＿＿＿和＿＿＿＿＿等系统实现控制。

29. CO_2 气体保护焊的焊机应在室温不超过＿＿＿℃，湿度不大于＿＿＿%，无＿＿＿＿气体和＿＿＿＿、＿＿＿＿气体的环境下工作。CO_2 气瓶不得靠近＿＿＿＿或在＿＿＿＿下直接照射。

30. 焊机必须可靠接地，地线截面积必须大于＿＿＿＿mm^2。

31. 凡需水冷却的焊接电源和焊枪，必须有可靠的＿＿＿＿＿＿循环。

32. CO_2 气体保护焊焊机的送丝滚轮在使用时，不宜将＿＿＿＿＿＿调得过紧或过松，以焊丝输出稳定、可靠为宜。

33. CO_2 气体保护焊所用的焊接材料有＿＿＿＿＿＿和＿＿＿＿＿＿。

34. 焊接用的 CO_2 气体是将钢瓶装的＿＿＿＿CO_2 经汽化后变成气态 CO_2 供焊接使用。

35. 容量为 40 L 的 CO_2 钢瓶可装＿＿＿＿kg 的液态 CO_2，满瓶压力为＿＿＿＿＿＿MPa。钢瓶中液态和气态 CO_2 分别约占钢瓶容积的＿＿＿＿＿＿＿和＿＿＿＿＿＿＿。钢瓶压力表指示的压力值是其中＿＿＿＿＿＿＿的饱和压力，它的值与＿＿＿＿＿＿＿有关，一般随＿＿＿＿升高而升高。

36. CO_2气体保护焊用焊丝 ER50—6 型号中，ER 表示________，50 表示____，6 表示________________________________，适用于焊接________________________________。

37. 对于 CO_2 气体保护自动焊，虽然设备______________，但是有的结构件需要批量生产，有些厂家为提高__________，仍然较普遍地采用 CO_2 气体保护________焊。

38. 药芯焊丝是将含有____________、____________和其他成分的粉末放在钢带上经包卷后拉拔而成的。

39. 药芯焊丝截面形状有__________形、__________形、_________形、__________形、____________形。

40. CO_2 气体保护自动焊是一种简易的 _______ 焊接法。

41. 用户选择焊接设备时，应考虑到产品的焊接______及焊接技术所提出的要求，根据焊件________、________和焊接________等提出具体焊接设备性能。

42. 如果是单件、小批量产品，应选用__________焊机；如果是大量生产的产品，则应选用__________的设备。

二、判断题（正确的打“√”，错误的打“×”）

1. 因为氧化性气体本身氧化性强，所以不适宜作为保护气体。（ ）

2. 因为氮气不溶于铜，故可用氮气作为焊接铜及铜合金的保护气体。（ ）

3. 气体保护焊适用于全位置焊接。（ ）

4. 进行气体保护焊时，只能用单一气体作为保护介质。（ ）

5. 由于气体保护焊时没有熔渣，因此焊接质量比焊条电弧焊和埋弧自动焊差得多。（ ）

6. 进行 CO_2 气体保护焊时，产生氮气孔的主要原因是保护气层破坏，使空气入侵。（ ）

7. CO_2 气体保护焊常用的焊丝型号是 ER49—1。（ ）

8. CO_2 气体保护焊使用交流电源焊接时电弧较稳定。（ ）

9. CO_2 气体保护焊的供气装置接入预热器的目的是对 CO_2 气体加热，以防止 CO_2 中的水结冰而造成减压阀冻坏和堵塞气路。（ ）

10. CO_2 气体保护焊和埋弧自动焊用的都是焊丝，所以一般可以互用。（ ）

11. CO_2 气体保护焊用的焊丝有镀铜和不镀铜两种。镀铜的作用是防止生锈，改善焊丝导电性能，提高焊接过程的稳定性。（ ）

12. CO_2 气体保护焊的电弧静特性曲线是一条上升的曲线。（ ）

13. CO_2 气体保护焊的焊接电源具有陡降外特性。（ ）

14. 推丝式送丝机构适用于长距离输送焊丝。（ ）

15. 拉丝式送丝机构适用于短距离输送焊丝。（ ）

16. 粗丝 CO_2 气体保护焊时，熔滴应采用颗粒过渡；细丝 CO_2 气体保护焊时，熔滴应采用短路过渡。（ ）

17. CO_2 气体保护焊时，熔滴均应采用短路过渡形式，才能获得良好的焊缝成形。（ ）

18．药芯焊丝是将含有脱氧剂、稳弧剂和其他成分的粉末放在钢带上经包卷后拉拔而成的。（　　）

19．进行 CO_2 气体保护焊时，应先引弧再通气，才能保证电弧稳定燃烧。（　　）

20．CO_2 气体保护焊对铁锈、油污很敏感，焊前一般需要除锈。（　　）

21．CO_2 气体保护焊用的 CO_2 气体纯度一般要求不低于 99.5%。（　　）

22．CO_2 气体保护焊药芯焊丝截面形状有 E 形、T 形、O 形、梅花形等。（　　）

23．CO_2 气体保护自动焊常在焊接小车上搭载着焊接机头（包括焊枪和送丝机）。（　　）

三、选择题（将正确答案的代号填入括号内）

1．进行 CO_2 气体保护焊时，为了减少焊缝中的 CO 气孔，通常采用含足够脱氧元素（　　）的焊丝，并严格控制焊丝中的含（　　）量。

A．硅、锰　　B．铬、镍　　C．硫、磷

D．碳　　E．氩　　F．氮

2．进行 CO_2 气体保护焊时，焊缝中最容易产生的是（　　）孔，因（　　）来源于空气，所以必须加强 CO_2 气流的保护效果，以防空气侵入焊接区。

A．氮气　　B．氩气　　C．一氧化碳　　D．氧气

3．CO_2 气体保护焊通常按采用的焊丝直径来分类，当焊丝直径小于等于 1.2 mm 时，称为（　　）丝 CO_2 气体保护焊。

A．粗　　B．细　　C．中

4．CO_2 气体保护焊的供气系统由气瓶、（　　）、减压器、流量计和气阀组成。

A．预热器　　B．加热器　　C．低压加热器

5．CO_2 气体保护焊焊接薄板及全位置焊接时，熔滴过渡形式通常用（　　）过渡。

A．颗粒　　B．短路　　C．射流

6．CO_2 气体保护焊焊接厚板时，熔滴过渡形式采用（　　）过渡。

A．颗粒　　B．短路　　C．射流

7．CO_2 气体保护焊的电源常用（　　）。

A．交流电　　B．直流正接　　C．直流反接

8．NBC1—250 型焊机是（　　）焊机。

A．埋弧自动焊　　B．CO_2 气体保护半自动焊

C．焊条电弧焊

9．我国目前常用的 CO_2 气体保护半自动焊焊机送丝机构的形式是（　　）。

A．推丝式　　B．拉丝式　　C．推拉式

10．CO_2 气体保护焊如果采用含有脱氧元素硅、锰的焊丝，则因（　　）引起的飞溅已不显著。

A．焊接参数不当　　B．极点压力

C．熔滴短路　　D．冶金反应

11．CO_2 气体保护自动焊选择焊接设备时，应考虑到产品的（　　）及焊接技术所提出的要求。

A．焊接工艺　　B．焊接参数　　C．焊接质量

四、名词解释

1．气体保护焊

2．CO_2 气体保护焊

3．富氩气体保护焊

五、问答题

1．气体保护焊的原理是什么？

2．焊接用的保护气体有哪几种？

3．简述 CO_2 气体保护焊的焊接过程，并说明它有哪些特点。

4．简述药芯、实心 CO_2 气体保护焊的区别。

5．富氩气体保护焊有哪些特点？

6．为什么 CO_2 气体保护焊的电弧气氛具有强烈的氧化性？从焊接冶金方面可以采取哪些措施解决？

7．CO_2 气体保护焊熔滴过渡形式有哪几种？其形成的条件及用途是什么？

8．为什么 CO_2 气体保护焊的焊接电源应具有平硬特性？

9. 简述 CO_2 气体保护半自动焊焊枪的送丝方式与特点。

10. CO_2 气体保护焊对 CO_2 气体和焊丝有什么要求？若 CO_2 气体纯度不够，可采取哪些措施？

11. 简述国家标准《气体保护电弧焊用碳钢、低合金钢焊丝》(GB/T 8110—2008) 规定的实心焊丝型号的含义。

课题 2 CO_2 气体保护焊操作

一、填空题（将正确答案填在横线上）

1. CO_2 气体保护焊的焊接参数主要包括__________、__________、______________、__________、______________、__________和__________等。

2. CO_2 气体保护焊的焊丝直径通常根据__________、__________及__________等来选择。

3．CO_2 气体保护焊的焊接电流应根据__________、___________、___________及_______________确定。

4．CO_2 气体保护焊的焊丝伸出长度一般约等于焊丝直径的____________倍，且不超过______mm。

5．CO_2 气体保护焊细丝焊接时，通常气体流量为__________L/min；粗丝焊接时，气体流量为_____L/min。

6．CO_2 气体保护焊为减小______，保持______稳定，一般应选用直流_________接。

7．CO_2 气体保护焊进行直线焊接时，焊枪运动的方向有两种：一种是焊枪自右向左移动，称为__________，这种焊法观察熔池困难，但不易焊偏；另一种是焊枪自左向右移动，称为__________，这种焊法不易准确掌握焊接方向，容易焊偏。一般进行 CO_2 气体保护焊时均采用__________焊法。

8．CO_2 气体保护半自动焊时，为了获得较宽的焊缝，常用的摆动方式有__________形、__________形、__________形和__________形等几种，一般摆动幅度限制在喷嘴内径的______倍范围内。

9．CO_2 气体保护半自动焊采用向上立焊操作时，为避免熔敷金属下淌和咬边，横向摆动应采取__________形的运丝方法。

10．垂直固定管单面焊双面成形时，液态金属受_____________影响，极易下坠形成______或___________熔化不良、坡口上侧产生_____等缺陷。

11．垂直固定管焊接过程中始终保持_____焊接，并使焊枪______随管壁的弯曲而变化，以获得成形美观的焊缝。

12．水平固定管对接焊的过程中，管子固定在______位置，不允许转动，焊接位置包括__________、__________和_____几种位置。

13．水平固定管对接焊时，随着管壁的弯曲，要随时调整焊炬______和指向圆周的位置。

14．水平固定管焊装配时，保持两管同轴，下部留出间隙___________mm，上部留出______mm，定位焊缝长度为______mm，保证接头处打底层圆滑过渡。

二、判断题（正确的打“√”，错误的打“×”）

1．采用 CO_2 气体电热预热器时，电压应低于 12 V，外壳要可靠接地。（　　）

2．CO_2 气体保护半自动焊常采用反月牙形摆动法进行立焊。（　　）

3．CO_2 气体保护焊只要焊丝选择恰当，产生氧气孔的可能性很小。（　　）

4．细丝 CO_2 气体保护焊时，熔滴过渡一般都是粗滴过渡。（　　）

5．CO_2 气体保护垂直固定管盖面焊时电弧应在坡口两侧稍作停留，停留时间以焊缝与母材圆滑过渡、余高不超标为宜。（　　）

6．水平固定管焊接操作时，焊接位置由仰焊到平焊会不断发生变化，当焊枪的角度不便于施焊时，应迅速将焊枪及焊工身体调整到最佳位置，马上继续操作。（　　）

7．水平固定管焊，打底焊时正常要求将焊件水平固定在距地面 400 ~ 600 mm 的焊接支架上。（　　）

三、选择题（将正确答案的代号填入括号内）

1．CO_2 气体保护焊的焊缝接头有（　　）。

A．直线焊缝连接法和摆动焊缝连接法

B．直线运条法和直线往复运条法

C．直线运条法和锯齿形运条法

2．如果要求有较大的熔宽时，CO_2 气体保护焊应避免（　　）的月牙形摆动，以免引起熔敷金属下淌和产生咬边。

A．向上弯曲　　B．向下弯曲　　C．斜向弯曲

3．目前 CO_2 气体保护焊适用于（　　）的焊接。

A．不锈钢　　B．钛及钛合金　　C．镍及镍合金　　D．低合金钢

4．（　　）不是 CO_2 气体保护焊时选择焊接电流的依据。

A．焊件厚度　　B．焊丝直径　　C．坡口形式　　D．熔滴过渡形式

5．（　　）不是 CO_2 气体保护焊时选择气体流量的依据。

A．焊接电流　　B．电弧电压　　C．焊接速度　　D．坡口形式

6．为了减小飞溅，保持电弧的稳定性，一般焊机电源应选用（　　）。

A．直流正接　　B．直流反接　　C．交流

7．焊丝伸出长度是指从导电嘴到焊丝端头的距离，一般约等于（　　）的 10 倍，且不超过 15 mm。

A．焊条直径　　B．焊件厚度　　C．焊丝直径

8．CO_2 气体保护焊时，焊接速度对（　　）影响最大。

A．是否产生夹渣　　B．是否产生咬边

C．熔深　　D．是否产生裂纹

9．（　　）不是 CO_2 气体保护焊时选择电弧电压的根据。

A．焊丝直径　　B．焊接电流　　C．接头形式　　D．熔滴过渡形式

四、问答题

1．简述 CO_2 气体保护焊焊机的连接操作。

2．简述 CO_2 气体保护焊焊机焊前基本操作步骤。

3．焊丝的直线焊接法和横向摆动运丝法各用于什么场合？

4．CO_2 气体保护焊时怎样防止弧光辐射？怎样防止中毒？

5．简述 CO_2 气体保护焊中垂直固定管打底焊的操作要领。

6．简述 CO_2 气体保护焊中水平固定管盖面焊的操作要领。

五、技能训练题

将 CO_2 气体保护焊的技能训练内容按表 5–1 所列项目进行填写。焊件图参见教材第五单元课题 2 CO_2 气体保护横对接焊的焊件图。

表 5–1　　　　CO_2 气体保护焊操作

<table>
<tr><td>焊接方法</td><td colspan="5"></td></tr>
<tr><td>焊件尺寸</td><td colspan="2"></td><td>焊件材料</td><td colspan="2"></td></tr>
<tr><td>焊接材料</td><td colspan="5"></td></tr>
<tr><td>设备型号及工具</td><td colspan="5"></td></tr>
<tr><td>焊接时间（min）</td><td colspan="5"></td></tr>
<tr><td>操作步骤及要点</td><td colspan="5"></td></tr>
<tr><td rowspan="2">焊接参数</td><td>焊丝及其直径
（mm）</td><td>焊接电流
（A）</td><td>电弧电压
（V）</td><td>焊接速度
（m/min）</td><td>气体流量
（L/min）</td></tr>
<tr><td></td><td></td><td></td><td></td><td></td></tr>
<tr><td>焊后质量检验</td><td colspan="5"></td></tr>
<tr><td>技能训练体会</td><td colspan="5"></td></tr>
</table>

第六单元　钨极氩弧焊

课题 1　钨极氩弧焊原理、设备及材料

一、填空题（将正确答案填在横线上）

1. 氩弧焊的特点是____________、____________、____________和____________。

2. 氩弧焊按所用的电极材料不同可以分为____________和____________；按其操作方式可分为________、________和________氩弧焊；若在氩弧焊电源中加入脉冲装置，又可分为________氩弧焊和________氩弧焊。

3. 钨极氩弧焊有________和________两种操作方式。

4. 手工钨极氩弧焊时，焊工一只手握______，另一只手持______，随焊枪的摆动和前进，逐渐将焊丝填入______中。

5. 自动钨极氩弧焊是以________机构带动焊枪行走，__________机构尾随焊枪进行______送丝的焊接方式。

6. 自动熔化极氩弧焊是由传动机构带动______行走，送丝机构连续______。

7. 熔化极氩弧焊使用_______作为电极，可以使用__________电流焊接，适用于_______板的焊接。

8. 脉冲氩弧焊是向焊接电弧供以______电流进行氩弧焊的工艺方法。

9. 脉冲氩弧焊整个焊接电流由______电流和______电流两部分组成。

10. 基值电流用来维持______稳定燃烧及______电极（或焊丝）与焊件。脉冲电流用来______金属，是焊接时的主要热源。

11. 采用钨极氩弧焊焊接不锈钢、耐热钢时，一般都采用直流______接。

12. 采用交流钨极氩弧焊进行焊接时，必须采取______、______及______直流分量的措施。

13. 交流钨极氩弧焊一般使用_________协助引弧，还使用_________，以保证重复引燃电弧。

14. 采用钨极氩弧焊焊接____________________等金属材料应尽可能使用交流电。

15. 手工钨极氩弧焊设备主要由_______、_______、_______、________及________等部分组成。

16. 钨极氩弧焊的电弧静特性曲线是______的，故选用______外特性的焊接电源。

17. 钨极氩弧焊的供气系统包括________、__________、_________等。

18．氩气流量调节器不仅能起到__________和__________的作用，而且可方便地调节氩气________。

19．钨极氩弧焊时，如果焊接电流小于__________A，可以不用水冷却。

20．钨极氩弧焊的焊接材料是__________和__________。

21．氩气瓶外表涂成__________色，并注有__________色“氩”字样，其容积一般为________L，在20 ℃时的满瓶压力为__________MPa。

22．常用的钨极材料有__________、__________和__________，其中__________放射性极低，是目前推荐使用的电极材料。

二、判断题（正确的打“√”，错误的打“×”）

1．气体保护焊时只能用一种气体作为保护介质。（ ）

2．熔化极氩弧焊采用短路过渡形式。（ ）

3．熔化极氩弧焊的熔深大，可用于厚板的焊接，而且容易实现焊接过程的机械化和自动化。（ ）

4．由于熔化极氩弧焊的电极是焊丝，因此它对熔池的保护要求不高。（ ）

5．氩气是惰性气体，它不与熔化金属起化学反应。（ ）

6．氩气电离电位较高，所以引燃电弧较困难。（ ）

7．焊接铝、镁及其合金时极易形成熔点很高的氧化膜，要通过电弧的“阳极破碎”作用去除氧化膜。（ ）

8．铝、镁及其合金应尽可能使用交流电进行焊接。（ ）

9．焊条电弧焊所用陡降外特性焊接电源均可作为钨极氩弧焊的电源。（ ）

10．因为直流反接时无阴极破碎现象，所以钨极氩弧焊焊接铝、镁及其合金一般采用交流电源。（ ）

11．钨极氩弧焊和焊条电弧焊一样，都是采用气渣联合保护形式来保证焊接质量的。（ ）

12．氩气是惰性气体，具有高温下不溶入液态金属中又不与焊缝金属发生化学反应的特性。（ ）

13．手工钨极氩弧焊的有害因素较多，如有微量的放射性，故应尽量选用无放射性的钍钨极来代替有放射性的铈钨极。（ ）

14．手工钨极氩弧焊较好的引弧方法是接触引弧法。（ ）

15．进行手工钨极氩弧焊时，由于受到氩气的压缩和冷却作用，电弧热量集中，热影响区缩小，因此焊接应力和变形较大，此法适用于厚板的焊接。（ ）

16．当钨极氩弧焊的焊接电流超过200 A时，钨极和焊枪必须采用冷水循环进行冷却。（ ）

17．手工钨极氩弧焊时，为增强保护效果，氩气的流量越大越好。（ ）

18．脉冲氩弧焊时，基值电流只起维持电弧稳定燃烧的作用。（ ）

19．进行钨极脉冲氩弧焊时，可以加或不加填充焊丝。（ ）

20．气体电离是引燃电弧的必要条件之一，而氩气电离所需能量较高，引燃电弧较困难。（ ）

21．直流正接时，因为焊件表面受到比正离子质量小得多的电子撞击，不能去除氧化膜，因此没有“破碎”作用。（　　）

22．焊接铝、镁及其合金时，使用交流钨极氩弧焊会产生较好的焊接效果。（　　）

三、选择题（将正确答案的代号填入括号内）

1．钨极氩弧焊的电弧功率较小，适用于（　　）焊接；熔化极氩弧焊电弧功率较大，适用于（　　）焊接。

A．薄板　　B．厚板　　C．各种金属材料

2．在钨极氩弧焊的电极材料中，（　　）的放射性危害小，电流密度高，引弧性能好。

A．纯钨极　　B．钍钨极　　C．铈钨极

3．铝、镁及其合金采用直流钨极氩弧焊时，不应将钨极接在电源的正极上，其原因是（　　）。

A．避免钨极损耗过大　　B．容易产生气孔

C．工件表面没有阴极破碎作用

4．NSA2—300—1 型焊机是（　　）。

A．埋弧自动焊机　　B．手工钨极氩弧焊机

C．CO_2 气体保护半自动焊机

5．用手工钨极氩弧焊焊接铝及铝合金时，宜选用（　　）电源，焊接不锈钢时宜选用（　　）电源。

A．交流　　B．直流反接　　C．直流正接

6．焊接钛及钛合金时常用的方法是（　　）。

A．焊条电弧焊　　B．氩弧焊　　C．气焊

7．钨极氩弧焊的电源外特性曲线应该是（　　）。

A．陡降的　　B．缓降的　　C．水平的

8．钨极氩弧焊采用同一直径的钨极时，以（　　）允许使用的焊接电流最小，以（　　）允许使用的焊接电流最大。

A．直流正接　　B．直流反接　　C．交流

9．焊枪喷嘴是决定氩气保护性能优劣的重要部件，常见的喷嘴形状有（　　）或圆柱带球形。

A．圆柱带锥形　　B．圆柱形　　C．方锥形

10．手工钨极氩弧焊设备中没有（　　）。

A．气路系统　　B．水路系统

C．送丝机构　　D．焊枪

11．氩弧焊机的供气系统中没有（　　）。

A．预热器　　B．减压器

C．气体流量计　　D．电磁气阀

12．与其他电弧焊相比，（　　）不是手工钨极氩弧焊的优点。

A．保护效果好，焊缝质量高　　B．易控制熔池尺寸

C．可焊接的材料范围广　　D．生产效率高

四、名词解释

1．钨极氩弧焊

2．熔化极氩弧焊

3．“阴极破碎”作用

五、问答题

1．氩弧焊与 CO_2 气体保护焊有什么区别？

2．钨极氩弧焊、熔化极氩弧焊和脉冲氩弧焊各有哪些特点？

3．为什么交流钨极氩弧焊适用于铝、镁及其合金的焊接?

4．钨极氩弧焊采用直流正接与直流反接时各自的特点是什么?

5．为什么说氩气有良好的气体保护效果?

6．钨极氩弧焊对电极材料有什么要求?

7．画出交流手工钨极氩弧焊的控制程序图。

课题 2　钨极氩弧焊操作

一、填空题（将正确答案填在横线上）

1．钨极氩弧焊的焊接参数主要有________、________、________、________、____________、________、________、____________、________等。

2．钨极氩弧焊焊接电流通常根据焊件的________、________来选择。钨极直径应根据焊接________而定。

3．钨极氩弧焊在电弧不短路的情况下应尽量控制电弧长度，一般电弧长度近似等于钨极______。

4．钨极氩弧焊的焊接速度通常根据______的大小、形状和焊件______情况随时调节。

5．钨极氩弧焊可用交流、直流两种焊接电源，需要根据所焊______或______种类选择使用的电源种类。

6．选择合适的氩气流量时，可按公式____________进行计算。喷嘴直径一般根据钨极直径来选择，可按经验公式____________确定。

7．钨极氩弧焊操作时，喷嘴与焊件间的距离以________mm 为宜。钨极端部应突出喷嘴以外，其伸出长度一般为________mm。

8．焊接不锈钢、耐热钢、钛合金、铜及铜合金时，应选择________钨极氩弧焊，采用______接法。

9．因为钍有放射性危害，所以磨削钍钨极时应采用________式或________式砂轮机，焊工应戴______。磨削完毕应洗净______。

10．进行钨极氩弧焊时，焊枪与焊件表面成________的夹角，焊丝与焊件表面夹角为________。

11．钨极氩弧焊时，______焊法适用于厚件的焊接，______焊法适用于薄件的焊接，一般均采用______焊法。

12．进行钨极氩弧 T 形接头焊时，焊枪的横向摆动是为满足焊缝的特殊要求和不同的接头形式而采取的小幅摆动，常用的有______________摆动、__________摆动和______摆动三种形式。

13．r 形摆动是焊枪的______摆动呈类似 r 形的运动，这种方法适用于________的对接接头。

14．垂直固定管打底焊时，熔池的热量要集中在坡口______，以防止上部坡口过热，母材熔化过多，产生______或焊缝背面的余高下坠。

15．钨极氩弧垂直固定管焊接盖面层时焊缝不宜______，电弧压住坡口边缘______mm 即可；否则，焊缝的直线度不好控制，影响焊缝的成形效果。

16．钨极氩弧骑座式管板水平固定焊时不得将________布置在焊接时钟6点的________位置。

二、判断题（正确的打“√”，错误的打“×”）

1．钨极直径与焊接电流相匹配时，电弧才稳定燃烧。（ ）

2．电弧电压主要由钨极直径决定。（ ）

3．钨极氩弧焊时，如果焊接速度过快，焊缝容易烧穿和咬边。（ ）

4．钨极氩弧焊采用直流电源时，还要考虑极性的选择。（ ）

5．钨极氩弧焊在实际生产中常通过直接观察焊缝表面色泽和是否存在气孔来判定气体保护效果。（ ）

6．为了获得单面焊双面成形，应该选择钨极脉冲氩弧焊，而不是一般的钨极氩弧焊。（ ）

7．手工钨极氩弧焊时应尽量采用短弧焊工艺。（ ）

8．手工钨极氩弧焊几乎可以焊接所有的金属材料。（ ）

9．氩弧焊要求氩气纯度应达到99.9%。（ ）

10．钨极氩弧焊的钨极端部形状采用锥形尖端效果最好，电弧稳定，焊缝成形良好。（ ）

11．如果钨极氩弧焊的氩气流量太大，不仅浪费氩气，还可能使保护气流形成紊流，将空气卷入保护区，反而降低保护效果。（ ）

12．钨极氩弧T形接头焊操作时大都采用右向焊法。（ ）

13．采用圆弧之字形摆动时，焊枪横向划半圆，呈类似圆弧之字形往前移动，适用于焊接大的T形接头、厚板的搭接接头以及中厚板开坡口的对接接头。（ ）

14．打底焊时要避免破坏坡口边缘，以免盖面焊时找不到焊缝边缘基准线。（ ）

15．钨极端部严禁与焊丝、焊件接触，防止产生夹钨、夹渣缺陷。（ ）

三、选择题（将正确答案的代号填入括号内）

1．钨极氩弧焊焊接（ ）接头时，氩气保护效果最佳。

A．搭接　B．T形　C．角接

2．钨极氩弧焊电弧电压增大时，会使单道焊缝（ ）。

A．宽度减小，焊缝厚度增加　B．宽度减小，余高增加

C．宽度增加，余高也增加　D．宽度增加，熔深减小

3．氩气瓶的工作压力为（ ）MPa。

A．15　B．18　C．20　D．22

4．手工钨极氩弧焊时，焊丝可以用（ ）捏住，并用（ ）配合托住焊丝便于操作的部位。

A．左手的拇指、食指　B．右手的食指、中指

C．右手的拇指、食指　D．左手的中指和虎口

E．右手的中指和无名指

5．钨极氩弧焊焊机本身具有（ ），钨极与焊件并不接触，保持一定距离，就能在

施焊点上直接引燃电弧。

A．低频脉冲发生器　　B．高频振荡器

C．高频充电器　　D．低频振荡器

6．钨极氩弧焊的氩气流量一般可按经验公式确定，即氩气流量等于喷嘴直径的（　　）倍。

A．0.8 ~ 1.2　　B．1.8 ~ 2.2　　C．2.8 ~ 3.2　　D．3.8 ~ 4.2

7．钨极氩弧焊焊接角焊缝时常用的操作方法有传统的焊接方法和（　　）焊接法两种。

A．摇摆　　B．左右摆　　C．前后摆

8．钨极氩弧垂直固定管焊接分打底层和盖面层（　　）进行。

A．单层单道　　B．两层两道　　C．两层三道

9．钨极氩弧焊无论是打底焊还是盖面焊，焊丝的端部始终处于（　　）的保护范围之内。

A．氧气　　B．氩气　　C．CO_2 气体

四、问答题

1．气体保护效果的好坏常用焊点试验法来判断，简述具体方法。

2．简述钨极氩弧焊设备安装步骤。

3．钨极氩弧焊焊接角焊缝时采用的摇摆法怎样操作？

4．钨极氩弧焊操作时，焊丝送进有哪些方法？怎样操作？

5．简述钨极氩弧垂直固定管盖面焊的操作要领。

6．钨极氩弧骑座式水平固定管板焊接收弧时要注意什么？

五、技能训练题

1．将钨极氩弧平敷焊的技能训练内容按表 6–1 所列项目进行填写。焊件图参见教材第六单元课题 2。

表 6–1　　　　**钨极氩弧平敷焊操作**

<table>
<tr><td>焊接方法</td><td colspan="5"></td></tr>
<tr><td>焊件尺寸</td><td colspan="2"></td><td>焊件材料</td><td colspan="2"></td></tr>
<tr><td>焊接材料</td><td colspan="5"></td></tr>
<tr><td>设备型号及工具</td><td colspan="5"></td></tr>
<tr><td>焊接时间（min）</td><td colspan="5"></td></tr>
<tr><td>操作步骤及要点</td><td colspan="5"></td></tr>
<tr><td rowspan="2">焊接参数</td><td>焊丝直径
（mm）</td><td>钨极直径
（mm）</td><td>喷嘴直径
（mm）</td><td>焊接电流
（A）</td><td>气体流量
（L/min）</td></tr>
<tr><td></td><td></td><td></td><td></td><td></td></tr>
<tr><td>焊后质量检验</td><td colspan="5"></td></tr>
<tr><td>技能训练体会</td><td colspan="5"></td></tr>
</table>

2．将钨极氩弧平对接焊的技能训练内容按表 6–2 所列项目进行填写。焊件图参见教材第六单元课题 2。

表 6–2　　钨极氩弧平对接焊操作

<table>
<tr><td>焊接方法</td><td colspan="5"></td></tr>
<tr><td>焊件尺寸</td><td colspan="2"></td><td>焊件材料</td><td colspan="2"></td></tr>
<tr><td>焊接材料</td><td colspan="5"></td></tr>
<tr><td>设备型号及工具</td><td colspan="5"></td></tr>
<tr><td>焊接时间（min）</td><td colspan="5"></td></tr>
<tr><td>操作步骤及要点</td><td colspan="5"></td></tr>
<tr><td rowspan="2">焊接参数</td><td>焊丝直径
（mm）</td><td>钨极直径
（mm）</td><td>喷嘴直径
（mm）</td><td>焊接电流
（A）</td><td>气体流量
（L/min）</td></tr>
<tr><td></td><td></td><td></td><td></td><td></td></tr>
<tr><td>焊后质量检验</td><td colspan="5"></td></tr>
<tr><td>技能训练体会</td><td colspan="5"></td></tr>
</table>

3．将钨极氩弧水平固定管对接焊的技能训练内容按表 6–3 所列项目进行填写。焊件图参见教材第六单元课题 2。

表 6–3　　　　　　　　　　　　　　钨极氩弧水平固定管对接焊

焊接方法					
焊件尺寸			焊件材料		
焊接材料					
设备型号及工具					
焊接时间（min）					
操作步骤及要点					
焊接参数	焊丝直径（mm）	钨极直径（mm）	喷嘴直径（mm）	焊接电流（A）	气体流量（L/min）
焊后质量检验					
技能训练体会					

第七单元　电　阻　焊

课题 1　电阻焊及设备

一、填空题（将正确答案填在横线上）

1．在如图 7–1 所示分图下的横线上填写焊接方法的名称。

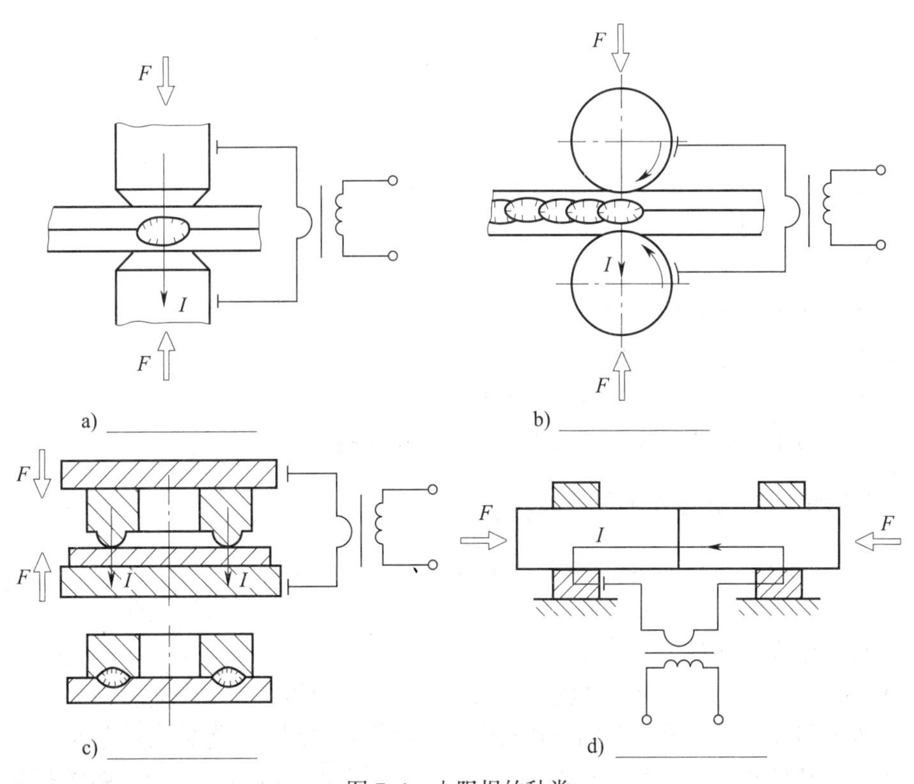

图 7–1　电阻焊的种类

2．电阻焊的优点有：________________；________________；________________；________________。

3．点焊接头的装配形式为____________接头，按焊件供电方式不同，点焊可分为________点焊和________点焊。按一次形成焊点的数目不同，点焊可分为________点焊、________点焊和________点焊。

4．缝焊接头的装配形式为__________接头，它实际上是____________的延伸，用一个__________代替点焊所用的柱状电极。

5. 对焊接头的装配形式一般为________接头。

6. 按加压及通电方式的不同，对焊可分为________对焊和________对焊。

7. 凸焊是____________的一种变形。它是在一个焊件的贴合面上预先加工出一个或多个________，从而形成焊点的电阻焊方法。

8. 固定式点焊机由____________、____________、____________、____________、________________________、________________________所组成。

9. 目前常用的点焊机有____________型、____________型、____________型等。

10. 对焊机由____________、____________________、____________、____________、____________和____________等部分组成。

11. 常用的对焊机有__________型、__________型、__________型、__________型。

12. 点焊主要用于冲压、轧制的________构件、________网、交叉________等的焊接。

13. 缝焊一般用于有________性要求的构件（如汽车油箱、消声器等）的焊接。

14. 凸焊的种类很多，除了板件凸焊外，还有______________________________凸焊、____________凸焊、________凸焊和______________凸焊等。

二、判断题（正确的打“√”，错误的打“×”）

1. 电阻焊焊后没有简便、易行的无损检测手段。（　　）
2. 电阻对焊与闪光对焊均是基本的对焊方法。（　　）
3. 凸焊本质就是点焊。（　　）
4. 点焊电极均采用不锈钢制造。（　　）
5. 缝焊适用于厚板的搭接焊。（　　）
6. 一般弧焊变压器均可作为电阻焊电源。（　　）
7. 对焊机按工艺方法分为通用对焊机和专用对焊机。（　　）

三、选择题（将正确答案的代号填入括号内）

1. 对焊直径为（　　）mm 的棒材每分钟可焊接 1 个接头。

A．20　　B．30　　C．40

2. 点焊用电极材料是（　　）。

A．铜合金　　B．耐热合金　　C．不锈钢

3. 对焊机按（　　）分，有偏心式对焊机、杠杆式对焊机、螺旋式对焊机。

A．工艺方法　　B．用途　　C．送进机构　　D．夹紧机构

4. 闪光对焊常用于（　　）的焊接。

A．带蒙皮的骨架结构（如汽车驾驶室等）

B．要求气密的薄壁容器

C．受力要求不高的对接件

D．重要的受力对接件

5. 缝焊厚度为（　　）mm 的薄板时，其焊接速度可达 0.5 ~ 1 m/min。

A．0.5 ~ 2　　B．1 ~ 3　　C．2 ~ 3

6. 下列选项中（　　）不是电阻焊的优点。

A．易获得质量较好的焊接接头　　　　B．焊接速度快，生产效率高
C．焊机容量大　　　　　　　　　　　D．产生烟尘等有害气体少

7．电阻对焊主要适用于紧凑截面的对接接头，而对（　　）类零件的焊接比较困难。
A．厚板　　　　B．薄板　　　　C．棒材

8．缝焊一般用于有（　　）要求的构件的焊接。
A．耐冲击　　　B．耐压力　　　C．密闭性　　　D．气密性

9．下列选项中（　　）不是固定式点焊机结构的主要部分。
A．焊接回路　　B．水冷系统　　C．加压机构　　D．控制装置

四、问答题

1．电阻焊具有哪些缺点？

2．电阻点焊机按电源性质分有哪些类型？按加压机构的传动装置分有哪些类型？

3．简述电阻对焊与闪光对焊的区别。

课题 2　电阻点焊操作

一、填空题（将正确答案填在横线上）

1．电阻点焊焊接参数通常根据____________、________和____________进行点焊试验，确定最佳焊接参数。

2．电阻点焊的焊接参数包括____________、__________、__________、__________、____________、____________、______________________等。

3．修磨电极端头时，尽量使表面______________；调整好上、下电极的位置，保证电极端头__________，轴线________。

4. 电阻点焊的焊件表面必须清理。冷轧钢板的焊件表面无锈，所以只需________；铝及铝合金等焊件表面必须用________或________清理法去除氧化膜，必须在________后规定的时间内进行焊接。

5. 点焊板厚为 1 mm 的低碳钢焊件，试填写表 7–1 中的电阻点焊焊接参数。

表 7–1　　电阻点焊焊接参数

板厚（mm）	焊接通电时间（s）	焊接电流（kA）	电极压力（kN）

6. 电阻点焊基本焊接循环包括______________、______________、________________、____________四个阶段。

7. 点焊操作过程中会产生热量和金属飞溅物，操作者在工作前必须穿______________，戴__________________________，避免烫伤。

8. 点焊时要将焊件________。焊接顺序的安排要使焊点____________，使可能产生的变形____________，避免产生累积变形。

二、判断题（正确的打“√”，错误的打“×”）

1. 点焊机停止使用时，冷却水必须排放干净，以免因低温引起结冰而损坏点焊机和控制柜。（　　）

2. 应定期修整电极头，以保证电极端头尺寸准确。（　　）

3. 点焊焊接参数不包括焊件厚度、点焊顺序。（　　）

三、选择题（将正确答案的代号填入括号内）

1. 对于焊件表面要求无压痕或压痕很小时，应使表面要求高的一面放在________上，尽可能加大________表面直径。（　　）

A. 上电极；下电极　　B. 下电极；下电极

C. 下电极；上电极

2. 点焊用电极材料是（　　）。

A. 铜合金　　B. 耐热合金　　C. 不锈钢

3. 点焊时，厚度不同的材料所需焊点直径也不同，薄板的焊点直径________，厚板的焊点直径________。（　　）

A. 小；大　　B. 大；小　　C. 大；大

4. 电阻焊的焊机安装时应高出地面（　　）cm，周围应有专用排水沟。

A. 10 ~ 20　　B. 20 ~ 30　　C. 30 ~ 40

四、问答题

1. 用撕开法检验点焊试件，优质焊点的标志是什么？

2. 简述电阻点焊机的连接步骤。

3. 简述电阻点焊机的基本操作步骤。

五、技能训练题

将电阻点焊的技能训练内容按表 7–2 所列项目进行填写。焊件图参见教材第七单元课题 2。

表 7–2　　电阻点焊操作

焊接方法			
焊件尺寸		焊件材料	
焊接材料			
设备型号及工具			

续表

焊接时间（min）					
操作步骤及要点					
焊接参数	焊接电流（A）	焊接通电时间（s）	电极头直径（mm）	电极压力（N）	熔核直径（mm）
焊后质量检验					
技能训练体会					

课题3　闪光对焊操作

一、填空题（将正确答案填在横线上）

1. 闪光对焊分为________闪光对焊和________闪光对焊两种。

2. 闪光对焊的焊接过程可以分成______________、______________、______________和____________等阶段。

3. 使焊件从预热阶段转入闪光阶段的转换方式有______________________闪光阶段和____________方式两种。

4. 闪光阶段是闪光对焊____________的核心。闪光的主要作用是____________。

5. 在闪光阶段中，先接通电源，并使两个工件端面_____________；接触点___________，成为连接两个端面的液态金属过梁。随着动夹钳的________________，过梁的液态金属不断产生、_____________。液态金属微粒不断从接口间喷射出来，形成________________——闪光。

6. 顶锻留量包括____________、爆破留下的_____________、_____________层尺寸及

________量。

7. 闪光对焊的主要焊接参数有伸出长度、__________、__________、__________、__________、__________、__________、__________和夹钳的夹持力等。

8. 顶锻压强的大小取决于__________、____________________、顶锻留量和顶锻速度、工件断面形状等因素。

9. 铝及铝合金材料具有____________________________、__________________、__________且____________________、塑性温度区窄等特点，给焊接带来困难。

10. 钛及钛合金闪光对焊的主要问题是由于________和______________等而使接头塑性降低。

二、判断题（正确的打“√”，错误的打“×”）

1. 闪光对焊主要是利用闪光产生的热量来加热焊件的一种方法。（　　）
2. 闪光对焊最适用于焊接大截面的焊件。（　　）
3. 闪光对焊的焊接参数不包括工件直径或工件厚度。（　　）
4. 连续闪光对焊既有预热阶段又有休止阶段。（　　）
5. 预热阶段是预热闪光对焊在闪光阶段之后以断续的电流脉冲加热焊件。（　　）
6. 在闪光阶段，闪光越强烈，焊接处的自保护作用越好，这在闪光后期尤为重要。（　　）
7. 碳素钢电阻系数高，加热时易生成高熔点氧化物，属于焊接性较好的材料。（　　）
8. 闪光对焊时，两个工件对接面的几何形状和尺寸应基本一致，否则会影响接头质量。（　　）

三、选择题（将正确答案的代号填入括号内）

1. 闪光对焊圆形焊件时，两个工件的直径差应不超过（　　）。

A．15%　　B．10%　　C．20%

2. 闪光对焊时，方形和管形焊件的尺寸差别应不超过（　　）。

A．15%　　B．10%　　C．20%

3. 下列选项中（　　）不是闪光对焊的焊接参数。

A．闪光电流　　B．闪光留量　　C．顶锻压力　　D．工件厚度

4. 闪光对焊低碳钢时，一般预热温度不超过 900 ℃。随着焊件截面积________，预热温度应相应________。（　　）

A．增大；提高　　B．增大；降低　　C．减小；提高

5. 顶锻压强过大，则变形量________，晶纹弯曲严重，又会________接头冲击韧度。（　　）

A．过大；提高　　B．过大；降低　　C．过小；降低

6. 合金元素含量增加，高温强度________，应________顶锻压强。（　　）

A．提高；降低　　B．降低；降低　　C．提高；增大

7. 高合金钢需要________的闪光速度和顶锻速度、________的顶锻压强和顶锻留量。（　　）

A．较高；较大　　B．较高；较小　　C．较低；较小

8．闪光对焊机应连接冷却水，应保证水压不小于________MPa，选用水温为________℃的工业用水。(　　)

A．1.5；5～20　　B．0.15；5～30　　C．0.015；5～40

四、问答题

1．闪光对焊的焊件准备要求包括哪些？

2．简述闪光对焊机控制面板的操作方法。

五、技能训练题

将闪光对焊的技能训练内容按表 7–3 所列项目进行填写。焊件图参见教材第七单元课题 3。

表 7–3　　闪光对焊操作

焊接方法			
焊件尺寸		焊件材料	
焊接材料			
设备型号及工具			

续表

<table>
<tr><td>焊接时间（min）</td><td colspan="5"></td></tr>
<tr><td>操作步骤及要点</td><td colspan="5"></td></tr>
<tr><td rowspan="2">焊接参数</td><td>伸出长度
（mm）</td><td>闪光时间
（s）</td><td>焊接电流
（A）</td><td>顶锻压强
（MPa）</td><td>夹钳的夹持力
（N）</td></tr>
<tr><td></td><td></td><td></td><td></td><td></td></tr>
<tr><td>焊后质量检验</td><td colspan="5"></td></tr>
<tr><td>技能训练体会</td><td colspan="5"></td></tr>
</table>

第八单元　等离子弧焊与切割及其他焊接技术

课题 1　等离子弧焊原理、设备及材料

一、填空题（将正确答案填在横线上）

1. 对自由电弧的弧柱进行强迫压缩作用称为“________效应”。使弧柱产生的这种效应有________________、______________和______________三种形式。

2. 等离子弧根据电源的不同接法可以分为________、________和________三种。

3. 等离子弧焊接有______________________、____________________和______________________三种方法。

4. 小孔型等离子弧焊适用于焊接_________mm 厚的合金钢板，可以不开坡口及背面不用衬垫进行_________成形。

5. 熔透型等离子弧焊主要用于______单面焊双面成形及______的多层焊。

6. 采用 30 A 以下的焊接电流进行熔透型的等离子弧焊称为________等离子弧焊。一般用来焊接______和______。

7. 手工等离子弧焊设备由____________、____________、____________、_________和_________等部分组成。

8. 等离子弧焊枪主要由_________、_________、_________、_________及_________等组成，其中最关键的部件为______和______。

9. 等离子弧焊接设备的气路系统由_________气路部分、_________气路部分及_________气路部分等组成。

10. 等离子弧焊接所采用的气体分为______气体和______气体两种。

11. 等离子弧焊接铝、镁及其合金时采用直流______接，并使用_________电极。

12. 等离子弧焊一般采用的电极材料是_________，焊接不锈钢、合金钢、钛合金等采用直流_________接。

二、判断题（正确的打“√”，错误的打“×”）

1. 等离子弧是压缩电弧。（　　）

2. 等离子弧温度高的原因是使用了较大的焊接电流。（　　）

3. 工业上常用的等离子气体是 CO_2。（　　）

4. 等离子弧和普通自由电弧本质上是完全不同的两种电弧，前者弧柱温度高，而后者弧柱温度低。（　　）

5. 转移弧可以直接加热焊件，常用于中等厚度以上焊件的焊接。（　　）

6．大电流等离子弧焊均采用非转移弧。（ ）

7．进行等离子弧焊时，利用“小孔效应”可以获得单面焊双面成形的效果。（ ）

8．“小孔效应”只有在微束型等离子弧焊时才得到应用。（ ）

9．微束型等离子弧焊通常采用联合型弧。（ ）

10．微束型等离子弧焊的优点之一是可以焊接极薄的金属。（ ）

11．等离子弧可以切割氧乙炔焰不能切割的难熔金属和非金属。（ ）

12．非转移弧主要用于微弧等离子焊接和粉末材料的喷焊。（ ）

13．进行等离子弧焊时，为了保持焊接参数稳定，应采用具有陡降外特性的直流电源。（ ）

14．钨极接电源负极，喷嘴接电源正极时产生的等离子弧为非转移弧。（ ）

15．微束型等离子弧焊时，熔化金属不会从小孔中滴落下去产生小孔效应。（ ）

16．等离子弧焊接是利用特殊构造的焊枪有效地氧化焊件来实现焊接过程的。（ ）

17．等离子弧焊接时，若等离子气体中加入了 H_2，将增加焊缝的冷裂倾向。（ ）

18．非转移弧的温度与一般自由电弧差不多，只能用于薄板的焊接。（ ）

19．与钨极氩弧焊相比，等离子弧焊所需的电源空载电压较高。（ ）

20．大电流等离子弧焊时，离子气和保护气用同一种气体；而小电流等离子弧焊时，离子气一律用氩气。（ ）

21．自由电弧经过机械压缩效应、热收缩效应和磁收缩效应共同作用成为等离子弧。（ ）

22．转移弧和非转移弧同时存在的等离子弧称为联合型弧。（ ）

三、选择题（将正确答案的代号填入括号内）

1．等离子弧可以焊接电弧焊所不能焊接的金属材料，甚至解决了（ ）所不能解决的极薄金属焊接问题。

A．CO_2 气体保护焊　B．氩弧焊

C．焊条电弧焊

2．钨极接电源负极，喷嘴接电源正极，等离子弧在钨极与喷嘴内表面之间产生的等离子弧为（ ）弧。

A．非转移　B．转移　C．联合型

3．转移弧可用于（ ）工件的焊接与切割。

A．极薄　B．较薄　C．较厚

4．为了便于引弧和提高等离子弧的稳定性，一般电极端部磨成（ ）的尖角。

A．20°　B．40°　C．60°

5．等离子弧焊接广泛采用具有（ ）外特性的电源。

A．上升　B．陡降　C．缓降

6．等离子弧焊接不锈钢时应采用（ ）电源。

A．交流　B．直流正接　C．直流反接　D．脉冲交流

7．小孔型等离子弧焊采用的焊接电流范围为 100 ~ 300 A，适用于焊接（ ）mm 厚的合金钢板材。

A．2 ~ 8　　　　　　B．3 ~ 10　　　　　　C．4 ~ 12　　　　　　D．5 ~ 14

8．(　　)不是等离子弧的特点。

A．热量集中，温度高　　　　　　　　　　B．电弧稳定性好

C．等离子弧吹力大　　　　　　　　　　　D．功率大

9．等离子弧焊利用焊枪所产生的高达(　　)摄氏度的高温等离子弧，有效地熔化焊件而实现焊接的过程。

A．几千　　　　　　B．几万　　　　　　C．几十万　　　　　　D．几百万

10．微束型等离子弧焊所用的等离子弧应采用(　　)弧。

A．间接型　　　　　B．非转移　　　　　C．转移　　　　　　D．联合型

四、名词解释

1．自由电弧

2．等离子弧

3．等离子弧焊接

五、问答题

1．非转移、转移、联合型等离子弧有什么不同？各适用于哪些范围？

2．简述各种等离子弧焊接方法的适用范围。

课题2 等离子弧切割设备及材料

一、填空题（将正确答案填在横线上）

1．等离子弧切割过程不是依靠________反应，而是靠____________来切割材料，因此可以切割氧乙炔焰不能切割的铝、不锈钢和高合金钢等，并能切割大部分________________和____________等。

2．等离子弧切割设备按工作气体不同分为________________________等离子弧切割机和________等离子弧切割机。

3．等离子弧切割机包括____________、______________、____________、____________、____________及____________等。

4．等离子弧切割机电源应具有________的外特性曲线。等离子弧的工作电压比电弧焊要________。为了维持这种高电压电弧的稳定燃烧，空载电压为__________________V。切割大厚度板用的大功率电源要求空载电压高达________V。

5．等离子弧切割机水路系统的冷却水压为______________________MPa。冷却水一般用____________即可满足要求，也可采用________。

6．等离子弧切割机气路系统的作用是防止__________、__________和__________不被烧毁，一般气体压力应为___________________MPa。

7．等离子弧切割的常用气体为______________、______________、________________、______________或它们的混合气体。空气等离子弧切割采用的气体是____________。

8．等离子弧切割一般采用的电极材料为_______________，若为空气等离子弧切割采用________________或____________电极。

二、判断题（正确的打“√”，错误的打“×”）

1．等离子弧切割机适用于切割厚度较大的有色金属。（ ）

2．等离子弧焊机的电极选用铈钨极，采用直流反接时，电极损耗小，等离子弧燃烧稳定。（ ）

3．空气等离子弧切割机采用直接水冷方式，可承受较大的工作电流，并减少电极损耗。（ ）

4．等离子弧切割是利用等离子气流来加热和氧化被切割材料，并借助高速气流将氧化

的熔渣吹除，形成割口的过程。（　　）

5．等离子弧切割电源的空载电压一般为 150 ~ 400 V。（　　）

6．等离子弧切割机的电源应具有陡降的外特性曲线。（　　）

7．等离子弧切割大厚度板用的大功率电源要求空载电压高达 500 V。（　　）

三、选择题（将正确答案的代号填入括号内）

1．下列选项中（　　）为空气等离子弧切割机。

A．LG—400—1　　B．LG—500　　C．LGK8—25

2．下列选项中（　　）不是等离子弧切割中气体的作用。

A．作为等离子弧介质，并压缩电弧　　B．防止钨极氧化烧损

C．形成隔热层，保护喷嘴不被烧坏　　D．冷却电缆

3．作为等离子弧切割工作气体的氮气的纯度应不低于（　　）。

A．95%　　B．99%　　C．99.5%　　D．99.9%

4．等离子弧切割时电极一般选用铈钨极。采用直流（　　），电极损耗小，等离子弧燃烧稳定。

A．反接　　B．正接　　C．正接、反接均可

5．空气等离子弧切割时采用的气体是（　　）。

A．压缩空气　　B．氩气　　C．氮气　　D．氧气

四、问答题

1．非氧化性气体等离子弧切割与空气等离子弧切割有什么不同？

2．简述等离子弧切割过程的控制程序。

课题 3　等离子弧切割操作

一、填空题（将正确答案填在横线上）

1．等离子弧切割工艺参数主要包括＿＿＿＿＿＿、＿＿＿＿＿＿、＿＿＿＿＿＿＿＿、＿＿＿＿＿＿、＿＿＿＿＿＿＿＿＿、＿＿＿＿＿＿＿＿＿＿等。

2．等离子弧切割＿＿＿＿及＿＿＿＿决定了等离子弧功率及能量的大小。

3．在增大等离子弧切割电流的同时，应相应增强其他参数。若只增大切割电流，则切口会变＿＿＿＿＿，喷嘴＿＿＿＿会加剧，而且过大的切割电流会产生“＿＿＿＿＿”现象。

4．等离子弧切割应根据＿＿＿＿和＿＿＿＿来选择合适的电流。

5．等离子弧切割空载电压高，易于引弧。空载电压与切割板材＿＿＿＿＿＿＿＿、割炬＿＿＿＿、喷嘴至工件的＿＿＿＿、气体＿＿＿＿有关。

6．等离子弧切割提高切割速度，会使切口区域受热＿＿＿＿＿＿＿＿＿＿＿＿，切口变＿＿＿＿＿＿，甚至不能切透工件。

7．等离子弧切割速度过慢，切口表面＿＿＿＿，甚至在切口底部会形成＿＿＿＿，致使清渣困难。

8．等离子弧切割气体流量大，有利于＿＿＿＿＿＿，能量更为集中。

9．等离子弧切割一般厚度的工件时，喷嘴与工件的距离为＿＿＿＿＿＿＿＿mm；当用等离子弧切割厚度较大的工件时，喷嘴与工件的距离可增大到＿＿＿＿＿＿mm。

10．等离子弧切割时，为了提高切割质量和生产效率，可将割炬向切割的＿＿＿＿＿方向倾斜＿＿＿＿。切割薄板时，后倾角可＿＿＿＿些。

11．等离子弧弧光和紫外线辐射比较强烈，操作者应注意保护＿＿＿＿和＿＿＿＿。

12．高频振荡器的高频辐射对人体有一定危害，引弧频率以＿＿＿＿＿＿＿kHz 较为合适，同时＿＿＿＿＿＿＿＿应可靠接地，一旦等离子弧引燃后，应保证迅速切断高频振荡器的＿＿＿＿。

13．等离子弧切割空载电压较高，操作者必须防止＿＿＿＿。电源一定要接地，割炬的手把＿＿＿＿要可靠。

二、判断题（正确的打“√”，错误的打“×”）

1．等离子弧切割时，如果等离子气体流量过大，冷却气流会带走大量的热量，使切割能力提高。（　　）

2．等离子弧切割时，提高切割速度，可使切口变窄，热影响区减小，有利于切透工件。（　　）

3．等离子弧切割时，应该在保证切透的前提下，尽可能选择大的切割速度。（　　）

4．等离子弧切割时，适当增大等离子气体流量，可提高切割厚度和质量。（　　）

5．每次移动等离子弧切割机或重新接线时，应使设备可靠接地。（　　）

6．等离子弧会产生高强度、高频率的噪声，要求操作者必须戴耳塞，设置隔音操作室。（　　）

三、选择题（将正确答案的代号填入括号内）

1．等离子弧切割时，若不允许从板的边缘起割（切割内孔），则应根据切割板厚在板上钻出直径为（　　）mm 的小孔作为起割点。

A．0.8 ~ 1.5　　B．8 ~ 15　　C．15 ~ 20

2．等离子弧切割根据电极和喷嘴来选择合适的电流。一般切割电流可按 $I=$（　　）d（d 为喷嘴孔径）选取。

A．35 ~ 50　　B．50 ~ 70　　C．70 ~ 100

3．等离子弧切割过程中，尽量使等离子焰流（　　）于割件，以免增大等离子弧轨迹，相当于增大了割件的实际厚度。

A．倾斜　　B．垂直　　C．平行

4．高频振荡器的高频辐射对人体有一定危害，引弧频率以（　　）kHz 较为合适。

A．10 ~ 20　　B．20 ~ 60　　C．60 ~ 80　　D．80 ~ 100

四、问答题

1．简述等离子弧切割速度的控制方法。

2．怎样加强等离子弧切割时的安全防护？

五、技能训练题

将等离子弧切割的技能训练内容按表 8–1 所列项目进行填写。焊件图参见教材第八单元课题 3。

表 8–1 等离子弧切割操作

<table>
<tr><td>切割设备型号及工具</td><td colspan="8"></td></tr>
<tr><td>切割时间（min）</td><td colspan="8"></td></tr>
<tr><td>操作步骤及要点</td><td colspan="8"></td></tr>
<tr><td rowspan="2">切割工艺参数</td><td>钨极直径（mm）</td><td>钨极内缩量（mm）</td><td>喷嘴直径（mm）</td><td>空气压力（MPa）</td><td>气体流量（m^3/h）</td><td>切割电流（A）</td><td>切割电压（V）</td><td>切割速度（mm/min）</td></tr>
<tr><td></td><td></td><td></td><td></td><td></td><td></td><td></td><td></td></tr>
<tr><td>切割质量检验</td><td colspan="8"></td></tr>
<tr><td>技能训练体会</td><td colspan="8"></td></tr>
</table>

课题 4　其他焊接技术简介

一、填空题（将正确答案填在横线上）

1. 气电立焊是利用熔化极气体保护焊和________焊丝，厚板立焊时，在接头两侧借助________挡住熔融的焊缝金属，________成形的一种电弧焊。

2. 气电立焊是由________________气体保护焊和__________发展而形成的一种熔化极气体保护电弧焊方法。

3. 气电立焊可以焊接________厚度且________坡口的焊件，一次焊接成形，则生产效率是焊条电弧焊的________倍以上。

4. 气电立焊通常用于较厚的____________________和中碳钢等材料的焊接，也可用于________________________和其他合金的焊接，板材厚度在________mm 之间为宜。

5. 气电立焊时焊接电源采用直流________接，一般采用________外特性，也可采用平特性。

6. 气电立焊时常用的坡口形式有________坡口、________坡口、________坡口等。

7. 采用螺柱焊的连接方法可将________螺柱、________钉或类似的________件焊至工件上。

8. 进行螺柱焊时，对于结构钢螺柱，含碳量应在________% 以内，而母材的含碳量应在__________% 以内。

9. 螺柱焊起焊时间________，电流________，熔深________，可以焊接到很薄的板材上。

10. 螺柱焊设备和焊枪具有________类型，设备的购置费用相对较________。

11. 电弧螺柱焊采用保护气体或预加在螺柱引弧端的____________，但大多数情况（结构钢）用________________来保护熔融金属。

12. 电弧螺柱焊的设备由______________、____________________________、________、________、____________等部分组成。

13. 钎焊必须具备两个基本条件：一是液态钎料____________钎焊金属，且致密地填满___________间隙；二是液态钎料与钎焊金属进行必要的___________反应，达到良好的金属结合。

14. 最常用的钎焊种类是________钎焊、________钎焊。

15. 钎焊与熔焊相比，具有______________高、______________广泛、______________小等特点。

16. 钎焊前若焊件清理不干净，在钎缝处存有污物，就会产生钎料________钎缝和结合不良等缺陷，使钎焊接头________下降。

17. 由于钎焊时加热温度________钎焊金属的熔点，钎料熔化而钎焊金属___________，因此钎焊金属的组织和性能变化较小，其钎焊后的____________________也小。

18. 焊接机器人是一种仿人操作、_________________、____________________并能在________________完成各种焊接作业的自动化生产设备。

19. 焊接机器人按焊接工艺主要可分为________机器人和________机器人两大类。

20. 完整的弧焊机器人系统一般由机器人________、______________、__________、____________（专用焊接电源、焊枪等）和有关的安全设备等组成。

21. 焊接机器人的弧焊系统是完成焊接作业的核心装备，主要由___________、________、________和________等组成。

22. 编程结束后，先让弧焊机器人按照_____________空走几遍，检查焊枪的_________和________是否合适。如果不满意，可反复修改。调试合格后即可进行正式焊接。

二、判断题（正确的打“√”，错误的打“×”）

1. 双丝焊接时，第一根焊丝需要沿着焊缝的熔深方向进行摆动。 （　　）

2. 气电立焊焊接电源的负载持续率为 60%。 ( )

3. 气电立焊与电渣焊的主要区别在于熔化金属的热量是电弧热而不是熔渣的电阻热。 ( )

4. 气电立焊通常采用氧气作保护气体。 ( )

5. 气电立焊时，导电嘴在距每侧水冷滑块约 100 mm 处停留，停留时间为 1 ~ 3 s。 ( )

6. 螺柱焊能在全位置焊接，借助于扩展器可以焊接到受限制的垂直隔板上。 ( )

7. 电弧法螺柱焊又分为普通电弧螺柱焊和电容放电螺柱焊两大类。 ( )

8. 生产中一般根据所焊螺柱横截面尺寸来选择焊接电流和焊接时间。 ( )

9. 焊接过程中螺柱和工件要保持垂直，焊接完毕，拔枪时的方向应与螺柱的中心线一致。 ( )

10. 钎焊不仅能焊接同种金属，也能焊接异种金属，但不能焊接非金属。 ( )

11. 钎料型号中“S”表示硬钎料，“B”表示软钎料。 ( )

12. 火焰钎焊时，应根据钎焊接头的使用要求及母材的种类来选择合适的钎料和钎剂。 ( )

13. 铜及铜合金具有优良的导电性、导热性、耐腐蚀性和良好的加工性能。 ( )

14. 由于铜焊件导热性好，火焰能率要适当小些。 ( )

15. 安全设备是弧焊机器人系统安全运行的重要保障。 ( )

16. 弧焊机器人具有可长期进行焊接作业，保证焊接作业的高生产效率、高质量和高稳定性等特点。 ( )

17. 焊接机器人示教器上的 +/– 键可替代拨动按钮连续移动机器人手臂。 ( )

三、选择题（将正确答案的代号填入括号内）

1. 气电立焊的生产效率是焊条电弧焊的（ ）倍以上。

A. 2 B. 5 C. 10

2. 气电立焊适宜焊接的板材厚度在（ ）mm 之间。

A. 12 ~ 80 B. 16 ~ 120 C. 18 ~ 180

3. 除焊接电源外，气电立焊设备的其余部分均组装在一起，并随着焊接过程的进行而垂直向上移动，可以看成是一种焊缝在（ ）的平焊。

A. 垂直下降 B. 垂直上升 C. 水平上升

4. 气电立焊常用的药芯焊丝直径为（ ）mm。

A. 0.8 ~ 2.4 B. 1.6 ~ 3.2 C. 2.4 ~ 3.2

5. 钎焊温度一般应控制在高于钎料熔点（ ）℃为宜。

A. 20 ~ 30 B. 30 ~ 40 C. 40 ~ 50

6. 气电立焊时，随着电弧电压升高，熔深增大，而焊缝宽度增加，电弧电压通常为（ ）V。

A. 10 ~ 30 B. 20 ~ 40 C. 30 ~ 55

7. 螺柱焊的接头可以达到很高的强度，即螺柱焊的接头强度（ ）螺柱本身的强度。

A. 小于 B. 大于 C. 等于

8．螺柱焊要求用直流电源来获得稳定的电弧，还要有较高的空载电压和（　　）的外特性，并且能在短时间内输出大电流及迅速达到设定值。

A．陡降　　　　　　B．缓降　　　　　　C．上升

9．对于钎焊后易出现裂纹的焊件，焊后应立即进行保温缓冷或（　　）回火。

A．低温　　　　　　B．中温　　　　　　C．高温

10．弧焊机器人操作机所具有的自由度通常为（　　）个，6个自由度的机器人可以保证焊枪的任意空间位置和姿态。

A．1～2　　　　　　B．2～3　　　　　　C．3～5

11．从构成方式看，焊接机器人绝大多数是在（　　）轴关节型工业机器人的“手”(即终端法兰)上安装不同的焊接工具构成的。

A．四　　　　　　B．五　　　　　　C．六

四、问答题

1．气电立焊与电渣焊的主要区别是什么？

2．简述电弧螺柱焊的操作原理。

3．钎焊原理是什么？

4．从钎焊过程可知，要得到牢固的钎焊接头，必须具备哪两个基本条件？

5．弧焊机器人系统的组成包括哪些？

第九单元 常用金属材料的焊接

课题1 金属材料焊接基础知识

一、填空题（将正确答案填在横线上）

1. 产生热裂纹的外因是＿＿＿＿＿＿，内因是＿＿＿＿＿＿＿＿＿＿＿＿＿＿＿＿。

2. 产生冷裂纹的主要原因是＿＿＿＿＿＿、＿＿＿＿＿＿、＿＿＿＿＿＿。

3. 在熔焊中形成气孔的主要气体是＿＿＿＿、＿＿＿＿＿＿、＿＿＿＿，其影响因素主要有＿＿＿＿＿＿＿、＿＿＿＿＿＿＿＿＿＿＿＿、＿＿＿＿＿＿＿＿＿＿＿。

4. 预热能降低焊件焊后＿＿＿＿＿＿，对于易淬火钢可以减小＿＿＿＿＿＿＿＿，防止产生＿＿＿＿＿＿，还可减小因温差而造成的＿＿＿＿＿＿。

5. 预热温度的选择应根据＿＿＿＿＿＿、＿＿＿＿＿＿、＿＿＿＿＿＿＿＿等因素综合考虑。

6. 常用的预热方法有＿＿＿＿＿＿、＿＿＿＿＿＿＿＿＿＿＿＿和＿＿＿＿＿＿＿＿＿＿＿＿＿等。

7. 后热的作用是＿＿＿＿＿＿＿＿＿＿＿＿＿＿＿＿＿＿＿＿＿＿＿＿。对于冷裂倾向性大的低合金高强度钢等材料有一种专门的后热处理，叫作＿＿＿＿＿＿。

8. 焊后热处理的作用是＿＿＿＿＿＿＿＿＿＿＿＿，＿＿＿＿＿＿＿＿＿＿＿＿，＿＿＿＿＿＿＿＿＿＿＿＿＿＿＿＿＿＿＿＿，＿＿＿＿＿＿＿＿＿＿＿＿＿＿＿＿＿＿＿，＿＿＿＿＿＿＿＿＿＿＿＿。

9. 焊后热处理的方法有＿＿＿＿＿＿＿＿＿＿＿、＿＿＿＿＿＿＿＿＿。

10. 低碳钢、中碳钢和低合金钢可按其＿＿＿＿＿＿来选用焊条。

11. 不锈钢、耐热钢等是按母材的＿＿＿＿＿＿＿＿＿＿来选用焊条的。

12. 受条件限制而无法清理低碳钢焊件坡口处的铁锈、油污、氧化皮等污物时，应选用＿＿＿＿焊条。

13. 低碳钢与不同强度等级低合金钢的焊接，一般选用与＿＿＿＿＿＿＿＿＿＿钢材相匹配的焊条。

14. 为了保障焊工的身体健康，在允许的情况下应尽量采用＿＿＿＿焊条。

15. 焊条电弧焊堆焊轴类工件时常采用＿＿＿＿＿＿堆焊和＿＿＿＿＿＿＿＿堆焊两种顺序。

16. 金属的焊接性包括＿＿＿＿＿＿和＿＿＿＿＿＿两个方面的内容。

17. 影响焊接性的因素有＿＿＿＿＿＿＿＿、＿＿＿＿＿＿＿＿、＿＿＿＿＿＿＿＿和＿＿＿＿＿＿＿＿。

18. 当碳当量____________时，钢材的焊接性优良，淬硬倾向__________，焊接时不必_______；当碳当量为___________时，钢材的淬硬倾向逐渐___________，需要采取适当的________和控制________等工艺措施；当碳当量_____________时，焊接性较差，淬硬倾向________，需要采用较高的___________和严格的____________。

19. 利用碳当量来评定钢材的焊接性只能做____________________，并不能代表材料的_____________。

二、判断题（正确的打“√”，错误的打“×”）

1. 为了防止产生热裂纹和冷裂纹，应该使用酸性焊条。（　　）
2. 焊接接头中最危险的焊接缺陷是焊接裂纹。（　　）
3. 焊接裂纹总是发生在焊缝中。（　　）
4. 由于中碳钢含碳量较高，因此其抗热裂纹的能力很强。（　　）
5. 氢不但会产生气孔，而且会促进延迟裂纹的形成。（　　）
6. 焊接冷裂纹都具有延迟的性质，所以又称延迟裂纹。（　　）
7. 焊前预热的目的是提高焊缝的硬度。（　　）
8. 后热的目的是提高焊缝的硬度。（　　）
9. 焊前预热的作用是减小熔合比。（　　）
10. 焊前预热的温度与母材的化学成分无关。（　　）
11. 消氢处理的目的是减少焊缝和热影响区的含氢量，防止产生热裂纹。（　　）
12. 焊前预热有助于减小焊接应力。（　　）
13. 后热也称为焊后热处理。（　　）
14. 消氢处理是在焊后立即将焊件加热到 250 ~ 350 ℃，保温 2 ~ 6 h 后空冷。（　　）
15. 所有进行焊后热处理的焊件都不需要进行消氢处理。（　　）
16. 焊前预热既可以防止产生热裂纹，又可以防止产生冷裂纹。（　　）
17. 后热既可以防止产生热裂纹，又可以防止产生冷裂纹。（　　）
18. 焊接 Q235 钢与 Q355 钢时，应选用 E5015 型焊条。（　　）
19. 碱性焊条对气孔的敏感性较强，抗气孔能力强。（　　）
20. 在选择焊条时必须保证焊条的强度大大超过母材的强度。（　　）
21. 利用碳当量可以直接判断材料焊接性的好坏。（　　）
22. 碳当量数值越大，表示该种材料的焊接性越好。（　　）
23. 中碳钢因含碳量较高，强度比低碳钢高，焊接性也随之变好。（　　）
24. 促成冷裂纹的主要因素有以下三个方面：钢材淬硬倾向大，产生淬硬组织；焊接接头受到较大的拘束应力；较多扩散氢的存在和聚集。（　　）
25. 焊接接头冷却到固相线附近时产生的焊接裂纹属于冷裂纹，焊后热处理过程中易产生再热裂纹。（　　）

三、选择题（将正确答案的代号填入括号内）

1. 冷裂纹大多产生在（　　）上，而热裂纹主要产生在（　　）中。

A. 热影响区　　B. 焊缝金属　　C. 母材

2.（　　）是防止普通低合金高强度结构钢产生冷裂纹、热裂纹和热影响区出现淬硬组织的最有效措施。

A．预热　　B．减小热输入量

C．采用直流反接电源　　D．焊后热处理

3．当铁锈、水分含量等焊接条件相同时，采用（　　）焊条施焊更容易出现气孔。

A．碱性　　B．酸性　　C．铁粉

4．控制焊缝金属含氢量的目的是防止产生（　　）和（　　）缺陷。

A．冷裂纹　　B．热裂纹　　C．气孔

D．夹渣　　E．再热裂纹

5．用焊条电弧焊焊接 30 钢时应选用（　　）型焊条。

A．E4303　　B．E5015　　C．E5003

6．需要消除焊后残余应力的焊件在焊后应进行（　　）。

A．后热　　B．高温回火

C．正火　　D．正火加回火

7．金属的使用性能主要是指焊接接头（　　）。

A．对使用要求的适应性　　B．出现各种缺陷的可能性

C．具有的承载能力

8．下列选项中（　　）不是减少氢和减小氢致集中应力的措施。

A．选用碱性焊条

B．清除焊丝和工件表面的锈蚀、油污、水分等

C．选用酸性焊条

D．控制环境湿度

9．国际焊接学会推荐的碳当量计算公式适用于（　　）。

A．高合金钢　　B．奥氏体不锈钢

C．碳钢和低合金钢　　D．奥氏体耐热钢

10．下列选项中（　　）不是影响焊接性的因素。

A．金属材料的种类及其化学成分　　B．焊接方法

C．构件类型　　D．焊接操作技术

11．国际焊接学会的碳当量计算公式只考虑了（　　）对焊接性的影响，而没有考虑其他因素对焊接性的影响。

A．焊缝扩散氢含量　　B．焊接方法

C．构件类型　　D．化学成分

四、名词解释

1．热裂纹

2．冷裂纹

3．气孔

4．焊接性

5．焊后热处理

五、问答题

1．冷裂纹有哪些特点？防止冷裂纹的措施有哪些？

2．焊缝中气孔的防止措施有哪些？

3. 热裂纹有哪些特点？防止热裂纹的措施有哪些？

4. 焊件在什么情况下要进行消氢处理？消氢处理的方法如何实施？

5. 焊后热处理的目的是什么？

6. 焊条的选用依据有哪些？

7. 写出国际焊接学会推荐的估算碳钢和低合金钢的碳当量公式。如何根据碳当量评定焊接性？

六、计算题

已知Q245R钢的化学成分：w（C）≤ 0.20%，w（Si）≤ 0.35%，w（Mn）为0.50% ~ 1.00%，w（P）≤ 0.025%，w（S）为0.015%，w（Al）为0.020%。按国际焊接学会推荐的碳当量公式计算碳当量，并评价该钢材的焊接性。

课题2　中碳钢焊接操作

一、填空题（将正确答案填在横线上）

1．低碳钢含碳及含合金元素少，________倾向小，是焊接性________的金属材料。在焊接过程中不需要采取特殊的____________。

2．碳素钢是以__________为基体，含碳量__________%的铁碳合金，在工业中应用最广泛。

3．与低碳钢相比，中碳钢含碳量________，强度________，焊接性________。

4．焊接中碳钢时，容易出现的问题是____和____________________________________。

5．焊接中碳钢时应尽量采用________焊条，通过________减缓焊接接头的冷却速度，并且在焊接工艺上采取一定的措施。

二、判断题（正确的打“√”，错误的打“×”）

1．焊接中碳钢时，焊件尽量开成I形坡口，以减少焊件熔入量。（　　）

2．当中碳钢焊缝金属的强度不要求与焊件等强度时，可选用强度低的碱性焊条。（　　）

3．在焊前不预热的情况下，可采用铬镍不锈钢焊条焊接中碳钢。（　　）

4．考虑到45钢受热容易出现淬硬倾向，不能用火焰切割，焊接前应采用机械加工方式切割坡口。（　　）

5．中碳钢含碳量较高，液固温度区间较大，偏析较严重，在凝固收缩应力的作用下容易沿液态晶界处开裂，产生热裂纹的倾向增大。（　　）

三、选择题（将正确答案的代号填入括号内）

1．焊接中碳钢时应采用的焊接工艺措施是（　　）。

A．小电流、小焊接速度　　B．小电流、大焊接速度

C．大电流、小焊接速度　　　　　　　　D．大电流、大焊接速度

2．常见的中碳钢有________钢及________钢等。(　　)

A．35；45　　　　B．65；70　　　　C．Q235；Q355

3．焊接中碳钢时，采用锤击焊缝的方法可减小焊接（　　），细化晶粒。

A．残余应力　　　　B．残余变形　　　　C．局部变形

4．对含碳量高、厚度大和刚度高的焊件，焊后在 600 ~ 650 ℃进行（　　），以消除应力。

A．回火　　　　B．正火　　　　C．退火

5．下列选项中（　　）不是中碳钢焊条电弧焊时氢的危害。

A．引起冷裂纹　　　　B．引起热裂纹　　　　C．产生气孔　　　　D．产生白点

6．选择（　　）坡口可以减少焊件的熔入量。

A．I 形　　　　B．V 形　　　　C．X 形　　　　D．U 形

7．中碳钢焊缝金属中的硫会引起（　　）。

A．未熔合　　　　B．热裂纹　　　　C．低温脆性　　　　D．冷裂纹

8．采用碱性焊条施焊时，焊前要烘干焊条，烘干温度为（　　）℃，保温时间为 2 h。

A．150 ~ 200　　　　B．210 ~ 250　　　　C．260 ~ 300　　　　D．350 ~ 450

四、问答题

1．焊接 45 钢时，其焊接性有哪些表现？

2．焊接中碳钢应采取哪些工艺措施？

五、技能训练题

将中碳钢焊接的技能训练内容按表 9–1 所列项目进行填写。焊件图参见教材第九单元课题 2。

表 9–1 　　　　　　　　　　**中碳钢焊接操作**

<table>
<tr><td>焊件尺寸</td><td colspan="2"></td><td colspan="2">焊件材料</td><td colspan="2"></td></tr>
<tr><td>焊接方法</td><td colspan="6"></td></tr>
<tr><td>焊接设备型号及工具</td><td colspan="6"></td></tr>
<tr><td>焊接时间（min）</td><td colspan="6"></td></tr>
<tr><td>操作步骤及要点</td><td colspan="6"></td></tr>
<tr><td rowspan="4">焊接参数</td><td>焊接层次</td><td>焊材直径（mm）</td><td>焊接电流（A）</td><td>电弧电压（V）</td><td>预热温度（℃）</td><td>层间温度（℃）</td></tr>
<tr><td></td><td></td><td></td><td></td><td></td><td></td></tr>
<tr><td></td><td></td><td></td><td></td><td></td><td></td></tr>
<tr><td></td><td></td><td></td><td></td><td></td><td></td></tr>
<tr><td>焊后质量检验</td><td colspan="6"></td></tr>
<tr><td>技能训练体会</td><td colspan="6"></td></tr>
</table>

课题 3　低合金高强度结构钢焊接操作

一、填空题（将正确答案填在横线上）

1. 低合金高强度结构钢是在碳钢基础上加入了________% 的合金元素。为了使钢材有良好的焊接性，含碳量一般限制在________% 以下。

2. 低合金高强度结构钢可分为________钢和________钢两类。

3. 低合金高强度结构钢的特点是________，______、______良好，焊接及其加工性能______。

4. 国家标准《低合金高强度结构钢》（GB/T 1591—2018）规定，低合金高强度结构钢 Q355 取代 GB/T 1591—2008 中的 Q345，按质量等级分为________、________、______、______、______级；Q390、Q420 的质量等级分为______、______、______、______级；而 Q460、Q500、Q550、Q620、Q690 的质量等级分为______、______、______级。

5. 强度级别较低（300 ~ 400 MPa 级）的低合金结构钢，钢中合金元素含量______，其焊接性______，在一般情况下，焊接时不必采取______工艺措施。

6. 随着钢强度级别的提高，其热影响区的淬硬倾向________。

7. 焊接低合金高强度结构钢时，冷裂纹的倾向加大，这是因为焊接接头处产生______组织；含________量较多；并且还因为厚板的________高而产生较大的________应力引起的。

8. 低合金高强度结构钢定位焊应防止过大的______，允许工件有适当的______，定位焊缝应________分布。定位焊时所用的焊接电流可稍________于正式焊接时的焊接电流。

二、判断题（正确的打"√"，错误的打"×"）

1. 焊接时需要预热的材料，其焊接性较差，且预热温度越高，焊接性越差。（　　）

2. 低合金高强度结构钢的焊接性主要取决于力学性能。（　　）

3. 若钢中合金元素含量提高，钢的淬硬倾向会增大，焊接性变差，并易导致裂纹的产生。（　　）

4. 随着母材强度级别的提高和板厚的增加，低合金高强度结构钢的热裂纹倾向加大。（　　）

5. 普通低合金高强度结构钢产生热裂纹的可能性比产生冷裂纹的可能性小得多。（　　）

6. 要保证低合金高强度结构钢焊缝的强度和韧性与母材相适应，应选用碱性、低氢焊条。（　　）

7. 预热和焊后热处理虽可防止冷裂纹，但在生产上会带来许多麻烦，要慎重选用。（　　）

8．用焊条电弧焊焊接 Q355 钢时，应选用 E5515—G 型焊条。（　　）

9．焊件的装配间隙不能过大，应避免强力装配定位。（　　）

10．焊接低合金高强度结构钢时，为保证焊缝强度和韧性与母材相适应，可选用酸性焊条。（　　）

三、选择题（将正确答案的代号填入括号内）

1．用焊条电弧焊焊接 Q355 钢时，应选用的焊条型号是（　　）。

A．E5003　　B．E6015　　C．E6516

2．焊接低合金高强度结构钢时最容易出现的焊接裂纹是（　　）。

A．热裂纹　　B．冷裂纹　　C．再热裂纹

3．Q355 钢属于（　　）MPa 级强度的钢。

A．300　　B．350　　C．400

4．低合金高强度结构钢的合金元素总含量小于（　　）。

A．3%　　B．4%　　C．5%

5．为防止低合金高强度结构钢定位焊缝开裂，要求定位焊缝应有足够的长度，厚度较薄的板材定位焊缝长度不小于（　　）倍板厚。

A．2　　B．4　　C．6

6．焊接低合金高强度结构钢时的主要问题是（　　）。

A．应力腐蚀和接头软化　　B．冷裂纹和接头软化

C．应力腐蚀和粗晶区脆化　　D．冷裂纹和粗晶区脆化

7．随着钢强度等级的提高，其热影响区的淬硬倾向（　　）。

A．减少　　B．增大　　C．没有影响

8．15MnTi 钢是（　　）状态下使用的钢种。

A．热轧　　B．退火　　C．正火　　D．调质

9．焊前预热一般要求在坡口两侧各（　　）mm 范围内保持均热。

A．50 ~ 75　　B．75 ~ 100　　C．100 ~ 150　　D．150 ~ 200

10．合金钢按（　　）总含量进行分类是合金钢分类方法之一。

A．合金元素　　B．碳元素　　C．碳、铬　　D．碳、锰

11．15MnV 钢相当于（　　）钢。

A．Q355　　B．Q420　　C．Q490　　D．Q390

12．低合金高强度结构钢定位焊所用的焊接电流可（　　）正式焊接时的焊接电流。

A．稍小于　　B．稍大于　　C．等于

13．焊接低合金高强度结构钢应保证焊缝强度和韧性与母材相适应，选用（　　）焊条，焊前严格烘干。

A．酸性　　B．碱性、低氢　　C．酸性、低氢

14．低合金高强度结构钢中除含有（　　）元素外，还有少量的硅、锰、硫、磷等杂质。

A．铁、碳　　B．铬、碳

C．钼、碳　　D．镍、碳

15．低合金高强度钢焊接接头中性能最差的是（　　）。

A．焊缝区　　　　　　　　　　　　　　　B．母材

C．部分相变区　　　　　　　　　　　　　D．熔合区和过热区

四、问答题

1．按照《低合金高强度结构钢》（GB/T 1591—2018）的规定，低合金高强度结构钢是怎样分类的？

2．焊接低合金高强度结构钢时易出现的主要问题是什么？

3．低合金高强度结构钢的焊接性如何？怎样选择焊条？

4．Q420 钢分别进行焊条电弧焊、埋弧自动焊时，各自应选用什么焊接材料？

五、技能训练题

将低合金高强度结构钢焊接的技能训练内容按表 9–2 所列项目进行填写。焊件图参见教材第九单元课题 3。

表 9-2 低合金高强度结构钢焊接操作

<table>
<tr><td>焊件尺寸</td><td colspan="2"></td><td>焊件材料</td><td colspan="2"></td></tr>
<tr><td>焊接方法</td><td colspan="5"></td></tr>
<tr><td>焊接设备型号
及工具</td><td colspan="5"></td></tr>
<tr><td>焊接时间（min）</td><td colspan="5"></td></tr>
<tr><td>操作步骤及要点</td><td colspan="5"></td></tr>
<tr><td rowspan="2">焊接参数</td><td>焊材直径
（mm）</td><td>焊接电流
（A）</td><td>电弧电压
（V）</td><td>预热温度
（℃）</td><td>层间温度
（℃）</td></tr>
<tr><td></td><td></td><td></td><td></td><td></td></tr>
<tr><td>焊后质量检验</td><td colspan="5"></td></tr>
<tr><td>技能训练体会</td><td colspan="5"></td></tr>
</table>

课题 4　珠光体耐热钢焊接操作

一、填空题（将正确答案填在横线上）

1．高温下具有__________________和____________的钢叫作耐热钢。

2．珠光体耐热钢是以________、________为主要合金元素的低合金钢，它的基体组织是____________（或____________+____________）。

3．珠光体耐热钢的特性有____________和____________________。

4．珠光体耐热钢中的钼能有效地提高钢的____________，铬可以提高其________________________。

5．珠光体耐热钢的含碳量一般都小于________%。含钒量基本上为____________。

6．珠光体耐热钢中合金元素的存在会使焊缝和热影响区具有________倾向，焊后易产生____________的马氏体，影响焊接接头的________性能，会产生很大的________，再加上较高的____________浓度，使焊缝和热影响区有____________倾向。

7．选择耐热钢焊条主要是根据母材的__________________，而不是根据焊件在常温下的____________。焊条的______________含量应与焊件相当或略高一些。

8．对于珠光体耐热钢厚壁容器及管道的焊接，在焊后常进行_________________，即将焊件加热至____________℃，保温一定时间，然后在____________中冷却。

9．珠光体耐热钢有较强的淬硬倾向，一般用低氢型焊条。使用前焊条要________，采用直流________和________焊接等。

10．珠光体耐热钢整个焊接过程尽量________焊完，不得已中断时要用______________将焊口包裹好，使其缓冷，再焊时需要重新________。

二、判断题（正确的打“√”，错误的打“×”）

1．焊接珠光体耐热钢时，必须根据等强度原则选择与母材强度级别相同的焊条。（　　）

2．焊接珠光体耐热钢时，焊缝和热影响区会出现淬硬组织，所以其焊接性较差。（　　）

3．为了提高珠光体耐热钢的抗氧化性，应使其含碳量小于 0.25%。（　　）

4．珠光体耐热钢无论是在定位焊或焊接过程中都应预热。（　　）

5．焊后缓冷是焊接铬钼耐热钢的重要工艺措施之一。（　　）

6．珠光体耐热钢的焊接可以选用奥氏体不锈钢焊条，且焊前可不预热，焊后不用进行热处理。（　　）

7．珠光体耐热钢采用多层焊接，中间层温度应不低于预热温度。（　　）

8．焊接珠光体耐热钢时易产生热裂纹和晶间腐蚀。（　　）

9．珠光体耐热钢焊条电弧焊或埋弧自动焊焊后应立即进行高温回火，以消除焊接变形。（　　）

10. 选择耐热钢焊条主要是根据母材的化学成分，而不是根据焊件在常温下的力学性能。（　　）

三、选择题（将正确答案的代号填入括号内）

1. E5515—B2 型焊条是用来焊接（　　）的。

A. Q355　　B. 06Cr18Ni11Ti　　C. 15CrMo

2. 珠光体耐热钢焊后热处理方式是（　　）。

A. 正火　　B. 高温回火　　C. 调质处理

3. 高温时在耐热钢表面首先生成比较致密的（　　），相当于形成了一层保护膜，可以防止内部金属受到氧化。

A. 碳化铬　　B. 氧化铬　　C. 氧化钼

4. 珠光体耐热钢是以铬、钼为基础的具有高温强度和抗氧化性的（　　）。

A. 优质碳素结构钢　　B. 高合金钢

C. 中合金钢　　D. 低合金钢

5. 珠光体耐热钢最高使用温度一般为（　　）℃。

A. 500 ~ 600　　B. 600 ~ 700

C. 700 ~ 800　　D. 800 ~ 1 000

6. 下列选项中（　　）不是珠光体耐热钢焊后热处理的目的。

A. 改善接头组织，提高组织稳定性　　B. 防止延迟裂纹

C. 消除焊接残余应力　　D. 防止热裂纹

7. 耐热钢中的含钒量基本上为（　　），含量过高反而有降低高温强度的倾向。

A. 0.15% ~ 0.25%　　B. 0.25% ~ 0.35%

C. 0.35% ~ 0.45%

8. 珠光体耐热钢焊接时易产生的主要问题是（　　）。

A. 冷裂纹和晶间腐蚀　　B. 冷裂纹和应力腐蚀

C. 冷裂纹和再热裂纹　　D. 热裂纹和应力腐蚀

9. 锤击焊缝可以消除焊接应力，锤击区的温度要高于（　　）℃，锤击力不要太大。

A. 10　　B. 20　　C. 30

10. 耐热钢（18MnMoNb）的使用状态为（　　）。

A. 正火加回火　　B. 退火　　C. 热轧　　D. 热轧加回火

11. 耐热钢（18MnMoNb）进行焊条电弧焊或埋弧自动焊后，要进行回火或消除应力热处理，其加热温度为（　　）℃。

A. 450 ~ 500　　B. 500 ~ 550

C. 550 ~ 600　　D. 500 ~ 650

四、问答题

1．为什么珠光体耐热钢中常含有铬、钼、钒等元素？

2．焊接珠光体耐热钢时应采取哪些工艺措施？

五、技能训练题

将珠光体耐热钢焊接的技能训练内容按表 9–3 所列项目进行填写。焊件图参见教材第九单元课题 4。

表 9–3　　珠光体耐热钢焊接操作

焊件尺寸		焊件材料	
焊接设备型号及工具			
焊接时间（min）			
操作步骤及要点			

续表

<table>
<tr><td rowspan="3">焊接参数</td><td>焊接层次</td><td>焊接方法</td><td>焊材直径（mm）</td><td>焊接电流（A）</td><td>电弧电压（V）</td><td>预热温度（℃）</td><td>层间温度（℃）</td></tr>
<tr><td></td><td></td><td></td><td></td><td></td><td></td><td></td></tr>
<tr><td></td><td></td><td></td><td></td><td></td><td></td><td></td></tr>
<tr><td>焊后质量检验</td><td colspan="7"></td></tr>
<tr><td>技能训练体会</td><td colspan="7"></td></tr>
</table>

课题 5　奥氏体不锈钢焊接操作

一、填空题（将正确答案填在横线上）

1. 不锈钢按空冷后室温组织不同可分为____________________、________________、________________________、____和____________________________，其中______________________应用最广泛。

2. 奥氏体不锈钢在施焊中若焊接工艺选择不当，会产生____________和____________的问题。

3. 奥氏体不锈钢最危险的破坏形式是____________，它既可产生在焊缝或热影响区，又可产生在熔合线上。如果其产生在熔合线上又称为____________。

4. 不锈钢具有耐腐蚀性的必要条件是含铬量为________，如果低于这个值就会失去耐腐蚀能力，如 07Cr19Ni11Ti 的含铬量为________，故具有良好的耐腐蚀性。

5. 为避免晶间腐蚀，奥氏体不锈钢中加入的稳定剂元素有________和________。

6. 奥氏体不锈钢进行稳定化热处理的加热温度是____________℃，并保温________h。

7. 对奥氏体不锈钢焊接接头进行固溶处理的加热温度是__________________℃，使碳重新熔入奥氏体中，然后迅速冷却，稳定________组织。

8. 为减轻奥氏体不锈钢晶界上的贫铬现象，一般控制焊缝金属中铁素体的含量为____________。若铁素体过多，会使焊缝____________。

9. 由于碳是造成奥氏体不锈钢晶间腐蚀的主要元素，故常控制基体金属和焊条的含碳量在________以下。

10. 气焊奥氏体不锈钢时火焰选用______________，气焊焊剂为________________，焊接时最好用____________焊法，焊炬不做____________摆动，焊接速度要____________。

二、判断题（正确的打“√”，错误的打“×”）

1. 不锈钢中的铬是提高耐腐蚀性最主要的元素，该元素的含量只有大于 12% 时才具有

耐腐蚀性。 ( )

2. 奥氏体不锈钢具有很大的电阻，所以使用不锈钢焊条进行焊接时药皮容易发红。 ( )

3. 07Cr19Ni11Ti 属于马氏体不锈钢。 ( )

4. 奥氏体不锈钢具有较高耐腐蚀能力的主要原因是其含有较高含量的镍。 ( )

5. 奥氏体不锈钢主要的腐蚀形式是晶间腐蚀。 ( )

6. 奥氏体 + 铁素体的双相组织抗晶间腐蚀的能力要比单相奥氏体强。 ( )

7. 焊缝中的含碳量越多，产生晶间腐蚀的倾向越大。 ( )

8. 小电流、大焊接速度是奥氏体不锈钢的焊接工艺。 ( )

9. 同直径奥氏体不锈钢焊条的焊接电流应比低碳钢焊条的焊接电流低 20% 左右。 ( )

10. 奥氏体不锈钢多层焊时必须保持层间温度。该温度不能太低，以保证得到高质量的焊接接头。 ( )

11. 预热是防止奥氏体不锈钢焊缝中产生热裂纹的主要措施。 ( )

12. 在奥氏体 + 铁素体双相组织中铁素体越多越好。 ( )

13. 双相组织的奥氏体不锈钢焊缝不仅具有较高的抗晶间腐蚀能力，同时还具有较高的抗热裂纹能力。 ( )

14. 奥氏体不锈钢的焊接接头经过固溶处理后，即使在危险温度区内工作也不会产生晶间腐蚀。 ( )

15. 07Cr19Ni11Ti 不锈钢中的钛可以防止晶间腐蚀。 ( )

16. 用焊条电弧焊焊接奥氏体不锈钢时，焊条要多进行横向摆动，以便获得一定宽度的焊缝，加快其冷却速度。 ( )

17. 奥氏体不锈钢的焊缝可通过在焊接过程中缓慢冷却而细化晶粒，以提高其耐腐蚀性。 ( )

18. 虽然氩弧焊是焊接奥氏体不锈钢较好的焊接方法，但手工钨极氩弧焊焊接接头的耐腐蚀性往往没有焊条电弧焊好。 ( )

19. 奥氏体不锈钢的焊接接头中不会形成延迟裂纹。 ( )

20. 奥氏体不锈钢含有较高的铬，可形成致密的氧化膜，故具有良好的耐腐蚀性。 ( )

21. 奥氏体不锈钢的焊接接头冷却速度越快越好。 ( )

22. 奥氏体不锈钢的焊接接头进行稳定化热处理的目的是消除焊接残余应力。 ( )

23. 因为碳是形成热裂纹的主要元素，所以焊接奥氏体不锈钢时采用超低碳焊丝，以防止热裂纹的产生。 ( )

24. 奥氏体不锈钢的碳当量较大，故其淬硬倾向较大。 ( )

25. 奥氏体不锈钢产生晶间腐蚀一般认为是由于晶粒边界的贫铬层造成的。 ( )

26. 采用钨极氩弧焊焊接的奥氏体不锈钢接头的耐腐蚀性比正常的焊条电弧焊好。 ( )

27. 奥氏体不锈钢多层多道焊时，层间温度（即各焊道间温度）应低于 200 ℃。 ( )

28. 加热温度 950 ~ 1 250 ℃是不锈钢晶间腐蚀的危险温度区，又称敏化温度区。 ( )

三、选择题（将正确答案的代号填入括号内）

1．焊接奥氏体不锈钢时采用低碳钢焊丝的目的是防止（　　）的产生。

A．热裂纹　　B．晶间腐蚀　　C．气孔

2．碳是造成晶间腐蚀的主要元素，含碳量在（　　）以上时，析出碳的数量迅速增加。

A．0.06%　　B．0.08%　　C．0.10%

3．不锈钢产生晶间腐蚀的危险温度区是（　　）℃。

A．250 ~ 450　　B．450 ~ 850　　C．850 ~ 1 050

4．钢中含铬量大于（　　）的钢叫作不锈钢。

A．8%　　B．12%　　C．16%

5．奥氏体不锈钢焊接接头中的贫铬区是指含铬量小于（　　）的区域。

A．6%　　B．12%　　C．18%

6．奥氏体不锈钢进行固溶处理的目的是防止（　　）。

A．热裂纹　　B．晶间腐蚀　　C．气孔

7．奥氏体不锈钢中加入钛、铌等元素的目的是防止（　　）。

A．热裂纹　　B．晶间腐蚀　　C．气孔

8．（　　）是使不锈钢产生晶间腐蚀的最有害元素。

A．铬　　B．镍　　C．铌　　D．碳

9．当奥氏体不锈钢形成（　　）双相组织时，其抗晶间腐蚀能力将大大提高。

A．奥氏体 + 珠光体　　B．珠光体 + 铁素体

C．奥氏体 + 铁素体　　D．奥氏体 + 马氏体

10．焊接奥氏体不锈钢时加快冷却速度的目的是（　　）。

A．避免产生淬硬现象

B．形成双相组织

C．缩短焊接接头在危险温度区停留的时间

D．进行均匀化处理

11．为了避免焊接时碳和杂质混入焊缝，焊前应将焊缝两侧（　　）mm 范围用丙酮、汽油、乙醇等擦净。

A．10 ~ 20　　B．20 ~ 30　　C．30 ~ 50

12．下列选项中（　　）不是奥氏体不锈钢的焊接工艺要点。

A．不能进行预热和后热工艺

B．焊前预热

C．要快速冷却

D．一般不进行消除焊接残余应力的焊后热处理

13．焊接奥氏体不锈钢时，如果焊接材料选用不当或焊接工艺不合理，会产生（　　）等问题。

A．接头软化和热裂纹

B．降低接头抗晶间腐蚀能力和冷裂纹

C．降低接头抗晶间腐蚀能力和再热裂纹

D．降低接头抗晶间腐蚀能力和热裂纹

14．由于铬在铁素体中的扩散速度比在奥氏体中快，一般控制焊缝金属中铁素体的含量为（　　）。

A．1%～5%　　B．5%～10%　　C．10%～15%

15．牌号为 A137 的焊条是（　　）焊条。

A．碳钢　　B．低合金钢

C．珠光体耐热钢　　D．奥氏体不锈钢

16．下列选项中（　　）不是奥氏体不锈钢焊条电弧焊焊接工艺必须遵循的原则。

A．选用碱性焊条，采用直流反接

B．采用多层多道焊

C．采用焊条不摆动的窄道焊

D．控制层间温度，前层焊缝冷却到 60 ℃左右（手能触摸）再焊下一层

四、名词解释

1．晶间腐蚀

2．固溶处理

3．稳定化热处理

4．危险温度区

5．贫铬区

6．刀状腐蚀

五、问答题

1. 奥氏体不锈钢的焊接性如何?

2. 在焊接奥氏体不锈钢时采取哪些措施可以防止和减少晶间腐蚀?

3. 焊接奥氏体不锈钢时产生热裂纹的原因是什么?防止热裂纹的措施有哪些?

4. 简述奥氏体不锈钢的焊条电弧焊工艺。

六、技能训练题

将奥氏体不锈钢焊接的技能训练内容按表 9–4 所列项目进行填写。焊件图参见教材第九单元课题 5。

表 9–4　　　　　　　　　　　　　奥氏体不锈钢焊接操作

<table>
<tr><td>焊件尺寸</td><td colspan="3"></td><td>焊件材料</td><td colspan="2"></td></tr>
<tr><td>焊接设备型号
及工具</td><td colspan="6"></td></tr>
<tr><td>焊接时间（min）</td><td colspan="6"></td></tr>
<tr><td>操作步骤及要点</td><td colspan="6"></td></tr>
<tr><td rowspan="3">焊接参数</td><td>焊接层次</td><td>焊材直径
（mm）</td><td>焊接电流
（A）</td><td>电弧电压
（V）</td><td>预热温度
（℃）</td><td>层间温度
（℃）</td></tr>
<tr><td></td><td></td><td></td><td></td><td></td><td></td></tr>
<tr><td></td><td></td><td></td><td></td><td></td><td></td></tr>
<tr><td>焊后质量检验</td><td colspan="6"></td></tr>
<tr><td>技能训练体会</td><td colspan="6"></td></tr>
</table>

课题6　铸铁焊补操作

一、填空题（将正确答案填在横线上）

1．铸铁的焊接技术主要应用在__________的焊补和__________的修复中，很少作为零部件生产的手段。

2．铸铁按照碳在组织中存在的形式不同可分为__________、__________、__________和__________等。其中__________在生产中应用最广泛。

3．灰铸铁中的碳以__________的形式分布于金属基体中，白口铸铁中的碳全部以__________的形式存在。

4．球墨铸铁中的石墨以__________分布，因此强度和塑性都很好。

5．灰铸铁焊接接头中的主要缺陷是产生__________和__________。

6．防止灰铸铁焊缝中出现白口组织的具体措施是__________、__________和__________。

7．灰铸铁焊件在坡口两侧拧入钢质螺钉的目的是__________。

8．采用焊条电弧焊焊补灰铸铁时，按照焊件在焊接前是否预热可分为__________、__________和__________。

9．对于焊后不需要进行机械加工的灰铸铁铸件，冷焊时采用的焊条是__________。

10．对于焊后需要进行机械加工的灰铸铁铸件，冷焊时采用的焊条是__________、__________、__________等。

11．焊前将焊件预热至__________℃进行焊补的方法叫作半热焊法；预热至__________℃进行焊补的方法叫作热焊法。

12．热焊灰铸铁有利于消除__________，减小__________，防止__________的产生。

13．焊接球墨铸铁时的主要问题是__________和__________。

14．球墨铸铁的电弧焊有__________焊法和__________焊法。前者一般采用__________或__________焊条，后者采用__________焊条。

二、判断题（正确的打"√"，错误的打"×"）

1．灰铸铁是一种焊接性较差的材料。（　　）

2．白口组织是焊补灰铸铁时的一种缺陷，它既硬又脆，很难进行机械加工。（　　）

3．焊前预热和焊后保温缓冷是焊补灰铸铁时防止产生白口组织和裂纹的主要工艺措施。（　　）

4．焊补灰铸铁时形成的裂纹主要是热裂纹。（　　）

5．减小熔合比是焊补灰铸铁时防止形成热裂纹的工艺措施之一。（　　）

6．冷焊法是焊补灰铸铁时获得优质焊缝的最好焊接方法。（　　）

7．热焊法焊补灰铸铁可有效地防止裂纹和白口组织的产生，故工业上经常采用。（　　）

8．冷焊灰铸铁的优点之一是有利于焊后焊缝表面进行机械加工。（　　）

9．冷焊灰铸铁时，层间可用小锤锤击焊缝。（　　）

10．冷焊灰铸铁的方法应该是“长段、连续、集中焊”。（　　）

11．热焊灰铸铁的劳动条件比冷焊好，因此容易保证焊缝质量。（　　）

12．焊接球墨铸铁时，热影响区会产生马氏体组织，使焊后机械加工较为困难。（　　）

13．焊接球墨铸铁时产生裂纹的可能性比灰铸铁小得多。（　　）

14．为了使焊缝的组织和性能与母材接近，球墨铸铁热焊后可以进行热处理。（　　）

15．球墨铸铁中的镁可以有效地消除焊缝中的白口组织。（　　）

16．因为球墨铸铁的强度和塑性比较好，且不易产生裂纹，所以其焊接性比灰铸铁的焊接性好得多。（　　）

17．焊补灰铸铁铸件上的裂纹时，一定要在裂纹两端钻止裂孔，以防止焊接时裂纹的延伸。（　　）

18．电弧焊冷焊法就是焊件在焊前不预热，焊接过程中也不辅助加热。（　　）

三、选择题（将正确答案的代号填入括号内）

1．热焊灰铸铁的预热温度是（　　）℃。

A．300～400　　B．400～550　　C．600～700

2．EZNi—1 焊条的焊芯是（　　）。

A．纯镍　　B．镍铁　　C．镍铜

3．焊补灰铸铁时为避免在焊缝中产生（　　），常在铸铁焊条中加入较多的碳和硅元素。

A．气孔　　B．白口组织　　C．裂纹

4．采用焊条电弧焊冷焊灰铸铁时，往往在熔合区产生白口组织，原因是（　　）和（　　）。

A．焊缝金属冷却速度快　　B．焊接电弧温度太高

C．焊条中石墨化元素不足　　D．焊接速度太快

5．焊补灰铸铁时，往往在（　　）处会出现白口组织。

A．熔合线　　B．热影响区

C．焊缝金属　　D．焊趾

6．钢和铸铁都是铁碳合金，含碳量为（　　）的铁碳合金称为铸铁。

A．2.11%～6.67%　　B．大于 0.8%

C．小于 2.11%　　D．大于 6.67%

四、问答题

1．灰铸铁的焊接缺陷产生的原因及防止方法有哪些？

2．用电弧焊冷焊法焊补灰铸铁时应注意哪几点？

3．球墨铸铁的焊接性如何？电弧焊分别采用冷焊法和热焊法焊补球墨铸铁时，有哪些工艺措施可以防止白口组织的产生？

五、技能训练题

将灰铸铁焊补的技能训练内容按表 9–5 所列项目进行填写。焊件图参见教材第九单元课题 6。

表 9–5　　铸铁焊补操作

焊件尺寸		焊件材料	
焊接设备型号及工具			
焊接时间（min）			
操作步骤及要点			

续表

焊接参数	焊接层次	焊材直径（mm）	焊接电流（A）	电弧电压（V）	预热温度（℃）	层间温度（℃）
技能训练体会						

课题 7　承压钢管散热器焊接操作

一、填空题（将正确答案填在横线上）

1．承压钢管散热器选用____________、____________和________________的焊接方法进行组合焊接。

2．承压钢管散热器焊后按压力容器制造的有关规定进行__________检查、___________检验、________试验等各项验收。

3．承压钢管散热器的焊接多为管道焊接，要求单面焊双面成形，焊接过程中________的焊接是关键。

4．承压钢管散热器的焊接如果操作不当，易出现________、________、______________及____________等缺陷。

二、判断题（正确的打"√"，错误的打"×"）

1．当坡口根部间隙、坡口钝边、操作手法不变时，焊接电流越大，背面成形越不易控制。（　　）

2．当坡口钝边、焊接电流、操作手法不变时，随着坡口根部间隙的增大，操作难度增大。（　　）

三、选择题（将正确答案的代号填入括号内）

1. 当钝边尺寸大于 2.5 mm 时，背面易产生（　　）缺陷。

A. 低凹和未焊透　　B. 焊瘤和烧穿

C. 夹渣和凸起

2. 为了焊透，焊接打底层时宜用（　　）的焊接电流。

A. 稍大　　B. 稍小　　C. 很小

四、问答题

1. 在承压钢管散热器的焊接过程中如何选择焊接顺序？为什么这样选？

2. 焊后对承压钢管散热器的各项检验如何进行？

五、技能训练题

将承压钢管散热器焊接的技能训练内容按表 9–6 所列项目进行填写。焊件图参见教材第九单元课题 7。

表 9–6　　　　承压钢管散热器焊接操作

<table>
<tr><td>焊件尺寸</td><td colspan="4"></td><td>焊件材料</td><td colspan="3"></td></tr>
<tr><td>焊接时间（min）</td><td colspan="8"></td></tr>
<tr><td>焊接设备型号
及工具</td><td colspan="8"></td></tr>
<tr><td>操作步骤及要点</td><td colspan="8"></td></tr>
<tr><td rowspan="6">焊接参数</td><td>零件名称</td><td>焊接
层次</td><td>焊接
方法</td><td>焊材直径
（mm）</td><td>焊接电流
（A）</td><td>电弧电压
（V）</td><td>预热温度
（℃）</td><td>层间温度
（℃）</td></tr>
<tr><td rowspan="2">上、下
集箱管</td><td></td><td></td><td></td><td></td><td></td><td></td><td></td></tr>
<tr><td></td><td></td><td></td><td></td><td></td><td></td><td></td></tr>
<tr><td rowspan="3">散热管</td><td></td><td></td><td></td><td></td><td></td><td></td><td></td></tr>
<tr><td></td><td></td><td></td><td></td><td></td><td></td><td></td></tr>
<tr><td></td><td></td><td></td><td></td><td></td><td></td><td></td></tr>
</table>

续表

<table>
<tr><td rowspan="5">焊接参数</td><td>零件名称</td><td>焊接
层次</td><td>焊接
方法</td><td>焊材直径
（mm）</td><td>焊接电流
（A）</td><td>电弧电压
（V）</td><td>预热温度
（℃）</td><td>层间温度
（℃）</td></tr>
<tr><td rowspan="2">散热管与
集箱管</td><td></td><td></td><td></td><td></td><td></td><td></td><td></td></tr>
<tr><td></td><td></td><td></td><td></td><td></td><td></td><td></td></tr>
<tr><td rowspan="2">散热器接管
与集箱管</td><td></td><td></td><td></td><td></td><td></td><td></td><td></td></tr>
<tr><td></td><td></td><td></td><td></td><td></td><td></td><td></td></tr>
<tr><td>焊后质量检验</td><td colspan="8"></td></tr>
<tr><td>技能训练体会</td><td colspan="8"></td></tr>
</table>